屠場《とじょう》

みる・きく・たべる・かく

――食肉センターで働く人びと――

三浦 耕吉郎　編著

晃 洋 書 房

はしがき

すき焼き、焼き肉、しゃぶしゃぶ、バーベキュー、とんかつ、ポークソテー、常夜鍋、蒸し豚、豚足、豚骨ラーメン、ビーフステーキ、ビーフカツレツ、ビーフシチュー、ローストビーフ、ハッシュドビーフ、ハンバーグ、メンチカツ、牛丼、ユッケ、スジ煮込み、モツ煮、モツ鍋、モツ焼き、テールスープ、ハム、ソーセージ、ベーコン、テリーヌ……

数えあげたらキリがない。それほどまでに、こうした肉料理は、わたしたちの毎日の食卓に欠かせないものとなっている……。

あっ、すみません！　もし、いま、あなたがお腹をすかせていたとしたら、思わず、クーッと鳴っていたかもしれませんね。

好みのちがいはもちろんあるにしても、これらの料理のいくつかは、わたしたちにとって、それこそ「思わず涎」の品々ではないでしょうか。

では、ここで質問です。

肉料理に、原材料を提供してくれるのが牛や豚だとして、それでは、それらがどんな風にして、生きている生体から肉へと変わっていくのか、そのプロセスをみなさんはご存じでしょうか？

牛や豚たちが畜産農家の牧場や厩舎（豚舎）において育てられていることは、写真や映像でよく紹介されています。また、じっさいに観光や社会見学などで牧場を訪れたことのある人も少なくないとおもいます。

だから、そこまではわかるのです。では、そのつぎの質問として、それらはいったいどこで肉になるのでしょうか？

そう問われると、不思議なことに、わたしたちはえてしてその場所を知らないものです。牧場の多くが、都市から遠くはなれた郊外や農山村にあるのにたいして、その場所は、案外、わたしたちの住む市町村や都道府県内にあるにもかかわらず、です。

そう、この本でこれから紹介するのは、まさに、わたしたちの住むまちのなかにあるその場所と、そこで働く人びとにかんする物語なのです。

その場所は、一般に、「屠場（とじょう、とば）」、「屠畜場」、「食肉センター」などと呼ばれています。ただし、法律上の正式名称は「と畜場」です。

それでは、なぜ、わたしたちは本書の題名を、「と畜場」とせずに、「屠場」とするのでしょうか？その理由を説明するには、まず、なぜ、現行の「と畜場法」（一九五三年施行）が、従来の「屠場法」（一九〇六年施行）から、あえて名称変更をおこなったのかをみておく必要がありそうです。

これは一つの推測でしかないのですが、「屠」という語が、「屠殺」という熟語を構成しているように、「殺す」というある種のマイナスのイメージを担わされているがゆえに、あえてこの語の使用を避けて、「と」というひらがな表記が採用されたのではないか、とわたしは考えています。じっさい、「と畜場法」においては、「屠殺」という言葉も、「とさつ」とひらがな表記になっているのです。

しかしながら、「屠」を「と」に代えたからといって、そこで家畜を「屠殺」している事実に変わりはありません。いや、むしろ、そうした言い換えは、わたしたちがお肉を食べるために毎日のように牛や豚が犠牲になっている、という現実を覆い隠す結果になっているようにさえおもわれます。

そこで、本書では、あえて「屠場」や「屠畜」、「屠殺」、そして「屠《ほふ》る」といったことばを用いていきたいとおもっています。なお、一九六〇年代以降、公営屠場のおおくは、国の施策によって「食肉センター」と改称しています。

本書に登場していただくのは、西宮市の食肉センターで働いている人たちです。とくに、第Ⅰ部「屠るという仕事」では、じっさいに牛や豚の屠畜・解体の仕事をしている方々にお話をうかがっています。

じつは、そうした仕事に従事している人にかんする呼称は、「屠夫《とふ》」「仕事師《しごとし》」「職人」「解体職人」などさまざまなのですが、それぞれの呼称には微妙に異なった意味合いがありますので、わたしたちは、あえてどれか一つの呼称に統一することはしませんでした。したがって、章によっていろいろな呼び方をしている箇所がありますが、その点についてはご了承ください。

なお、西宮市食肉センターでは、多いときには一日あたり、五〇頭の牛と二〇〇頭の豚が屠畜・解体されています。年にすると、おおよそ九〇〇〇頭の牛と五万頭の豚が処理されていることになります。

屠場の規模としては、東京芝浦や大阪南港に設置された大規模な屠場（中央卸売食肉市場）とくらべると、京都市、神戸市、北九州市、四日市市などの屠場とならぶ、いわば中堅クラスの規模の屠場といえます。

とはいえ、本文を読んでいただければわかるように、西宮市食肉センターには、一九八八年の西宮浜への移転や、一九九五年の阪神淡路大地震における被災など、これまで歩んできた独自の歴史があります。また、いま現在、経営体制の刷新といったかつてない大きな変動のなかに身をおいているのも事実です。

こうした食肉センターの歴史にかんしては、巻末の年表を参考にしてください。

さきごろ、海外の屠場風景をドキュメンタリータッチで描いた『いのちの食べかた』（ニコラウス・ゲイハルター監督）という映画が話題になりました。また、内澤旬子さんの『世界屠畜紀行』（解放出版社）も、あたたかなイラストと緻密な取材が評判をよんでいます。

本書もまた、「いのちと食」について考えようとする人や「屠場とそこで働く人びと」に関心のあるすべての人たちに、ぜひとも、手にとっていただきたいとおもいます。

徹底的に機械化された無機的な屠場の光景ではなく、そこで働く人びとの息づかいや、それぞれの仕事にこめられた思いもふくめて、いたって人間くさい屠場の姿を感じとっていただければ、編者としてこれ以上の喜びはありません。

編者　三浦　耕吉郎

目次

第Ⅴ部　明日の屠場

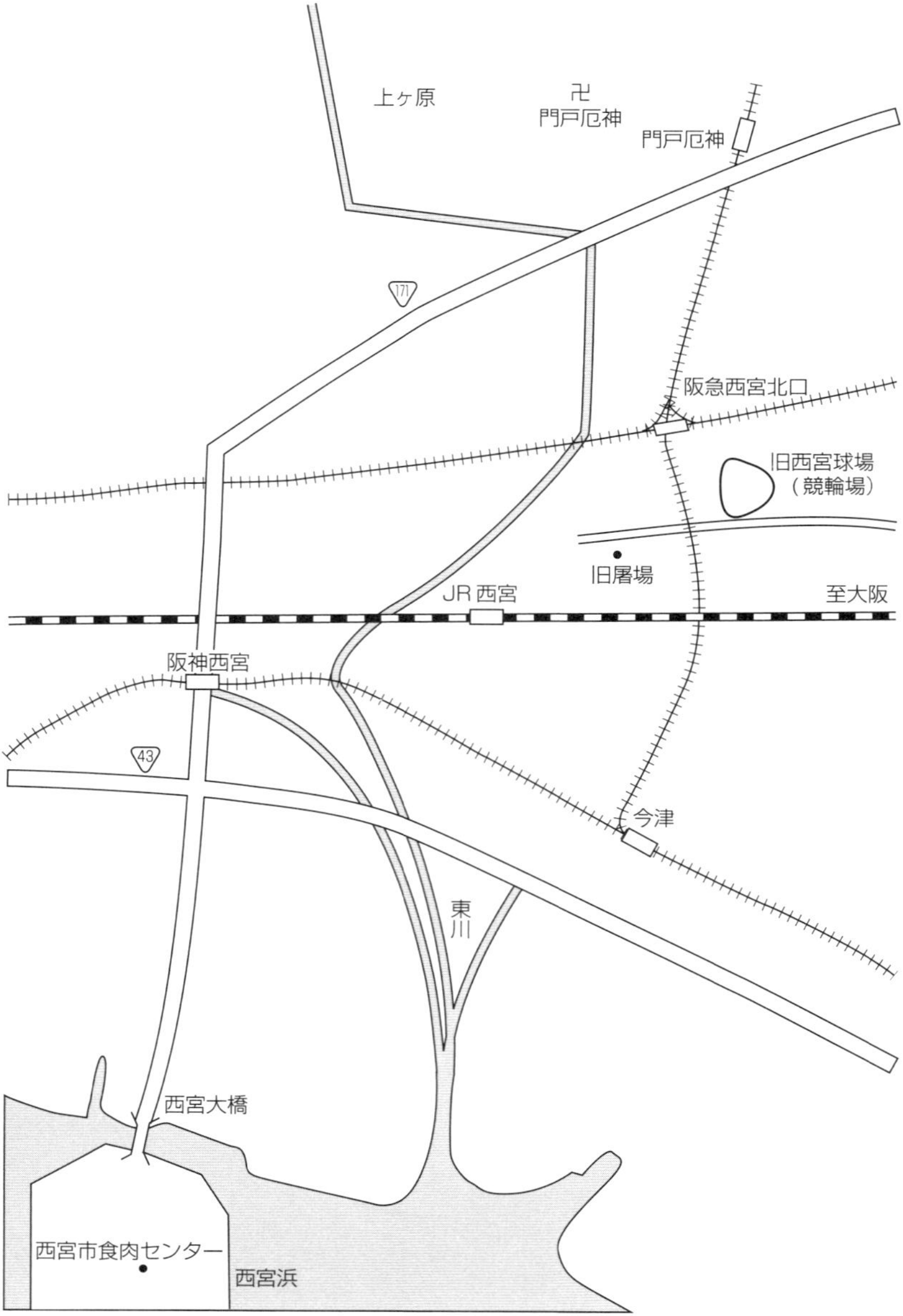
上ヶ原
卍
門戸厄神
門戸厄神
171
阪急西宮北口
旧西宮球場
（競輪場）
旧屠場
JR 西宮
至大阪
阪神西宮
43
今津
東
川
西宮大橋
西宮市食肉センター
西宮浜

第Ⅰ部　屠《ほふ》るという仕事

第1章　風情の屠夫《とふ》

牛をなで、屠《ほふ》る

午前八時すぎ、しずかな朝。食肉センターの門をくぐって係留場の入り口へむかう。左側は牛の搬入場、右側は豚の搬入場。おくのほうから豚の鳴き声がきこえてくる。係留されている牛の姿はここからはうかがえない。

約束の時間になり、わたしたちは建物にはいってセンターの主任さんに会いにいく。きょうは、仕事の見学をさせてもらう日だ。

室内に誘導され、見学用の白衣をまとう。まるで理科系の学者か医者のようだ。準備がすみ階段をおりてそとへでると、メンバーの一人が緊張感からかトイレにかけこむ。ボイラー室でひざまでの白長靴にはきかえ、わたしたちはいよいよ仕事場へみちびきいれられる。

一階の重厚な鉄扉がひらかれると、おびただしい数の機械類が目にとびこんでくる。枝肉を洗浄する機械は、じぶんの背丈よりもはるかに高い。天井には牛を吊るすラインが複雑な曲線をえがいて引かれている。背割り用のチェンソーや牛を吊るすチンチョウがうえからぶらさがっている。そして、白い衣服とエプロンをきた職人たちが、朝の仕事にとりかかろうと準備をはじめている。わたしたちはそのあいだを、縫うようにしてすすんでいく。

最後にみじかい階段をのぼると、そこがノッキングの場所。屈強な長身の男性が一人、じっと佇んでいる。腰には、二本の包丁と一本の研ぎを入れたポーチがさがる。白髪と顔にきざまれたしわの深さとは裏腹に、腕はまるで格闘家のそれだ。どっしりとした構えと白い服のいでたちに、男性の頑強な身体がいっそうきわだつ。

彼は、このセンターで牛の解体場を仕切る屠夫長《とふちょう》さんである。彼のわきを数人の男たちがとおっていく。彼らもふとい腕をあらわにして、狭い通路で棒立ちのわたしたちをしりめに足早に階段をおりていった。

案内をしてくれる主任さんが、おもむろに係留場の側へうごいた。目をやると、そこに黒毛の牛がいた。さきに獣医さんから健康チェックをうけ体重をはかりおえた牛は、柵でかこった狭い通路へと追いこまれて、いまはうごきをとめている。

なにかの合図があったのか、現場がうごきだす。主任さんが牛の首にかけたロープを手にとる。階段をおりていった男性たちは手にハンマーをもち、屠夫長さんはピストルに玉をこめはじめる。

彼らの仕事がはじまった。

通路にそって、牛が屠夫長さんのまえへ引かれてくる。あとにもどらないように、すぐうしろで頑丈な鉄の仕切り板がおろされた。「いよいよか」。わたしたちはたがいに顔を見あわせる。屠夫長さんは、左手で手綱を引きしぼり、牛の額にピストルを押しあててねらいを定める。ピストルのトリガーを引いた瞬間、パンという銃撃音と同時に、場内に牛のたおれるドンという巨大な音が響きわたる。同時に側面の扉（ノッキングペン）が回転し、牛は下の階へと転げおちた。

鉄の仕切りが引きあげられると、すぐに二頭目の牛がはいってくる。横で見学しているわたしたちが気になってか、その牛は、さかんに顔をふりまわして暴れだす。そのとき屠夫長さんは、まるで子どもでもあやすように「よしよし」とやさしく牛の額をなでてやり、じぶんの手をぺろぺろとなめさせはじめた。牛が何事もなかったかのようにおちついたその刹那、トリガーが引かれ、轟音とともに牛はくずれおちていった。

この一連の出来事に、わたしは心を奪われてしまった。それは屠るという仕事に、わたし自身がはじめて正面からむきあった瞬間でもあった。

屠夫長さん

見学の日からほぼ一年前にあたる、調査を開始してまだ間もないころ。わたしたちは、無理をいって、まず屠夫長さんにインタビューをおねがいした。

最初に調査の趣旨をのべると、「なにをしゃべったらええねや」と、はやばやと困りはてたようすの屠夫長さん。「ほらもぅ、オレらのその時代やったら、小学校卒業して、もぅ、仕事しよったからな」「もぅ勉強が嫌い、嫌いやねん、わし。もぅ、そういぅ勉強が……」と言いながらも、ゆっくりと煙草に火をつけると、あとは昔の話があふれるように繰りだされてつきることがなかった。

「ほんなもん、焼け野原やしな、なんぼいぅたって」。屠夫長さんは、一九三九年生まれ。幼少のころは、第二次世界大戦のまっただなか。もしかすると、これが彼の原風景なのかもしれない。

西宮市街も空襲をぅけ、あたりに家はほとんどのこらなかった。「ほんな、なんか焼夷弾落ちて、(家の)天井からしたまでぬけたらしいわ。ほいで、むかしやから、年寄り連中がみなおったもんやから、ほな(その家の)なかはいって、(焼夷弾を)ひっぱりだして、ほで、それがために、その(住んでいた)長屋だけ焼けのこったんや(笑)。まあ十何軒かあったかんな」。

爆発しなかった焼夷弾を家のなかからひっぱりだし、かろうじて被災をまぬがれるという限界体験をくぐりぬけた屠夫長さんは、敗戦直後に小学校に入学する。学校の校舎は焼けずにのこったが、「そんな時分やから、小学校卒業して、まだ中学校が義務教育じゃなかった。そやから、もぅ勉強きらいやったら、おまえ仕事せえ、いうかんじで」、ほとんど学校にも行かず、「(小学は)一年のと、六年のとしかいってへん」という。

なんのことかときかえせば、「なんぼなんでも卒業、小学校ぐらい卒業証書がいるやろ」と、入学式と、卒業式しかいっていないとのこと。「それはもぅ、じぶんからすすんで、勉強すんのいやや、いうたから」、屠場ではたらいていたお父さんに、「それやったら、こっちきて手伝え」といわれて、親子して屠場ではたらくことになったという。

でも、お父さんは屠夫長さんが一八歳のとき、四〇代のわかさで亡くなり、それからは跡をついでこの仕事をしているという。

お父さんは、酒が大好きだった。「（そのころは一日数頭で仕事がおわり）金と暇あるさかい、これ（酒）ばっかり。（仕事が）おわったらもう、こぅ（日の高いうちから酒をあおるので顔はいつも）青空むいとる（笑）」。

むかし、屠場のそばで在日の人がドブロクをつくっており、お父さんはそれを飲んでいた。家には一升瓶が何本もころがっていたが、「わるい酒じゃないからね、もぅ飲むだけ飲んだら寝てまいよる」と、懐かしそうに語っていた屠夫長さん。

屠夫長さんは、インタビューのときは終始にこやかなやさしいおじいさんで、仕事場で見せる姿とはまるで別人である。

牛をさわる

お父さんは、とてもきびしくて仕事の指導も「軍隊式」だった。「一つまちごうたことというとったら、割れ木がとんでくるでな。割れ木が、ばぁーんと。げんこつじゃないでな」。

屠夫長さんは、お父さんからじかに仕事をおしえてもらったことはなく、別の職人について、見よう見まねで技術を身につけていった。ちなみに、屠夫長さんのお師匠さんは、「そらもう、たいしたもんや、競技会もでていったことある」そうで、牛の皮を剥《む》くときの、はやさと、剥きあがった品物のきれいさを競う大会で一等賞をとった。そのころは、兵庫県の各地から腕自慢の職人たちが集まる競技会が、年に一回開催されていた。

小学校を卒業してすぐ、お父さんの背中を見ながらはたらきだした屠夫長さんだが、小学生のころにも、学校へいくかわりにお父さんの仕事場へ出入りしていたという。そして皮を剥く作業では、「足もて」などといわれ、ちいさいながら牛の足をずっともたされていた。「もぅ、そないなって、だんだんやっとったら、自然に（腕に）力もつくわな。……なんぼ子どもやいうたってなぁ」。そうして、小学校を卒業してしばらくすると、すでに一人前に仕事をこなせるようになっていた。

半年ほどでお師匠さんから卒業し、皮を剥く方法などはひとりで工夫した。でも「結局たどりついたん、その人（お師匠さん）のいうことがいちばん正しい」とのことで、お師匠さんはいまでも彼の尊敬の対象である。

そんな屠夫長さんは、とても器用な包丁さばきをみせる。「ほんなもん、（仕事は）右（手）でも左（手）でもするがな、わたしは」。

じつは、子どものころ、野球少年だった屠夫長さんは、左右の腕でボールをなげることができた。

「ほら、プロ野球の選手で、そんなんおるやろ。おったけど、わしのほうがさきやで、あれ。右でなげて、相手左バッターでてきたら左で（なげる）、そんなんやったもん。なめとんか、おまえって（いわれて）（笑）」。

しかも、その腕は器用なうえに、タフだった。「野球やっとる時分は、すごかったで。三試合ぶっつづけでなげた。なげられへんで、もぅ、三試合目なったら。腕、じぶんの腕かなんや、わからへんなるで」

こんな連投もきいた屠夫長さんだが、小学生のころからの定位置はキャッチャー。「おい、人たらんからきてくれいうて（笑）」と、神戸の社会人リーグでも雇われキャッチャーとして活躍していた。たしかに、屠夫長さんの体格なら、ピッチャーよりもキャッチャーのほうがよくにあう。

さて、自慢話は、まだまだおわらない。器用・タフときて、さいごは豪腕。「そらそや、キャッチャー（をすると）、ノーバンでセンターまでボールいってまうんやもん（笑）。どーん、ほったら、ぐわー、いって、センターまで直接いきよる、そんなんやった」。まるでイチローのような屠夫長さん。だが、走るのだけは苦手だった。これで俊足がそろっていれば、掛け値なくプロ野球選手だろう。

「ほんでも、結局な、この仕事しとるから、そんなんでけたんや、なんぼいぅたってな。腕から肩は、人一倍強いもん」。やはり、ちいさいころから牛の足や手綱をもたされてはたらいてきたからこそ可能なことだったのだ。

「ほやからしぜんに、右手よりか左手のほうが（握力）つよなってな。この仕事したら、ははは。左

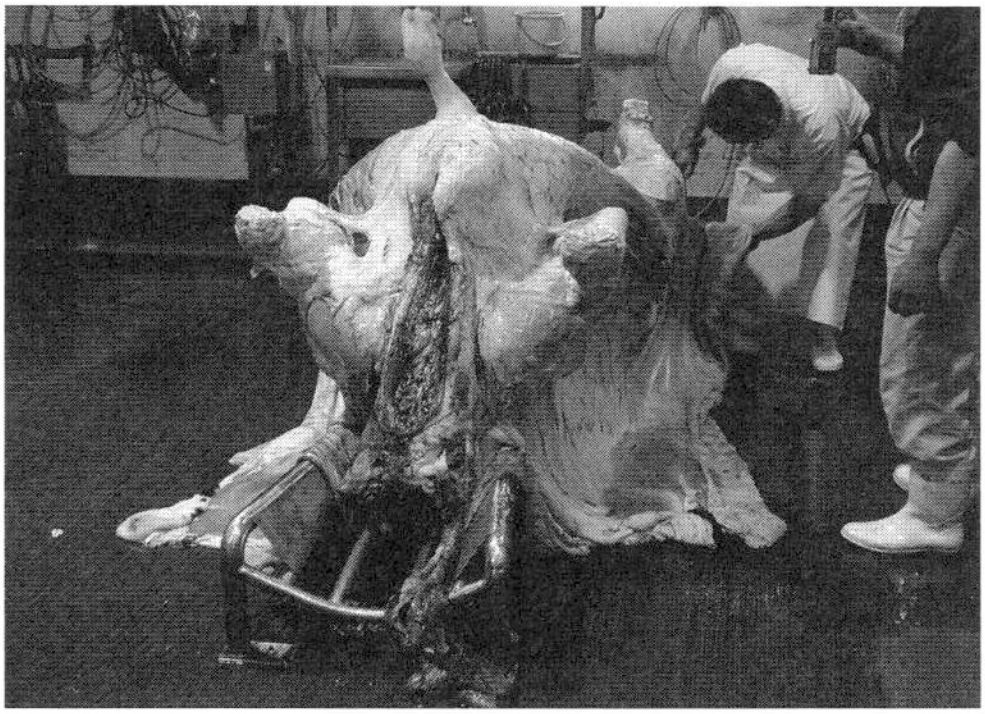

写真1-1　皮剥き

手（の握力）、七〇から八〇あるねん。右手五〇くらいしかあらへんねん。そういうぐあいになってまうねん。（左手で）ぐあって（皮を）つかんで、ぎゅって、ひっぱらんなんから」。左手のほうが握力がつよいのは、牛の皮を剥くときに、左手で皮をもつからである（写真1―1）。

しかし、野球の投球とおなじく、ナイフも、左右どちらの手でもつかうことができた。「ナイフの（両利き）は、オレだけやで、それは。他の者でけへん。両利きで、たまにするけんどな。右で（ばかり）しとったら、頭（に血が）のぼるやんか。こんなときは、（ナイフを）左でがっともって、ぎゅうと」。つまり、皮を剥くとき、頭に血がのぼって体勢がきつくなったら、ナイフを反対の手にもちかえるのだという。こんなふうに、豪腕に器用さがなえあわされている。

しかし、そうはいっても、屠場での仕事はさすがにしんどかったらしい。「もうそれ、きつかったよ、ほんまに。小学校出たてで、肉、担いでたさかい」。小卒で、屠夫長さんは枝肉を担いでいた。枝肉とは、屠った牛の血を抜き、頭《かしら》を落とし皮をむき、内臓をおろしてから背骨のところで二つに割った状態のものだが、むかしは、枝肉をさらに半分にして四つ割りにしていた。「うん、あれでな、四つに切って一〇〇キロ以上やからな。ほら、ほんまに、人間の限界いうのも、感じたこともあるわ。うん、ほんまに。限界感じたことあるわ。（一頭分の）四〇〇キロもったら、もぅ、足、地震いうとるで、びりびりいって」。

一同、耳をうたがった。が、屠夫長さんはすずしい顔だ。「むかしの仕事は、ほらぁ、えらかったわな。いま考えたらあほみたい。ほんなん、肉なんか、こぅ、いまのわかい子、さげいうたって、ようさげへんやん。足、地震ゆれよんで、ビリビリって。いまの子、そんなんさしてみいな、あくる日けぇへんわ」。

当時は、枝肉を計量する場所からトラックまでの積みこみにも人が担いでいた。それにしても、百キロ分を担いであるくとは、いったいどんな風だったろう。

「もぅ、一歩あるいたら、もうどうもない、すぐ歩けんねん。一歩あるいたら、つぎ歩けんねん。一歩もあるかれんかったら、そのままで、あかん、いわなしゃあない」ということになる。「ほら、歳わかいときはな、相撲取りか、ボディービルダーみたいやいわれたけど」。たしかに、子どものころからそんな仕事を毎日していたら、そういう体格になるかもしれない。

「だれもそんなもん、いまいうたってだれも信用せえへん、おれへんもん、（この食肉センターで）おれ以上古いもん。いちばんいま、こんなかでいちばん古い。ほらもぅ、腰もくそも、わやになってもうたけどな。おれら、これ腰なんか軟骨あらへん」。

そんなむかしをふりかえりながら、屠夫長さんが、ポツリともらした一言。「まあ、そんな苦労して、苦労せな、な。苦労したら、なんにも恐ないねん、いまは」。

解体作業の今昔

この食肉センターが現在の西宮浜に移転したのは、一九八八年のこと。それまでは、西宮北口のちかく、芦原町にあった。屠夫長さんがわかいころ、まわりは田んぼの風景がひろがっていたそうだ。では、むかしの屠場はどんなようすだったのだろう。

「うん、古い屠場はなぁ。あそこ芦原のとこにおったときは、あの、下がのべた石でしょ。なんていうんか、四角、長細い御影石、こんなやつがばあっと並べたっただけやから。それが、脂がこう染みこんできたら、すべりよんねんな。いまみたいに、すべらへんいう長靴がなかったからな、ふつうの雨靴でやっとったからケガもしたことあるけんどな」。すべりどめのついた長靴がなかった当時は、雨靴をはいて作業をしていた。牛の脂が地面の石へと染み込むためすべりやすいし、作業中は包丁をあつかっているためなおのことあぶない。

いまとむかしの仕事のちがい。それを一言でいえば、むかしはすべて手作業でやっていたということだ。むかしはピストルではなく、ハンマーで牛を屠っていた。

「ハンマーの先に、親指くらいの（五センチほどの鉄の）へそが出とるんでな。それを、まともに眉間にあてなあかんわけ」。二人がかりで作業にかかり、一人は牛のロープをとって目隠しをし、もう一人がハンマーをふるった。「そう、一発。一発でいかな（脳震とうで気絶させないと）あかん。知らんわかい者がきて、ばっとして、やったって絶対たおれへん。うん、気失わへん。へへへ。なんぼ力強かっても」。

牛を倒すには、一発で眉間のところへ的確に衝撃をあたえなければならない。なんと屠夫長さんは、むかしの屠場では人手がたりず、その二人がかりの作業を一人でやっていたという。「ま、人はまねでけへん、それは」。牛の手綱をもった左手で目隠しをしながら、右手に短かめにもったハンマーで眉間を叩くというのだから、並大抵のことではない。

現在のように、ピストルをつかいはじめるのは、西宮浜にくる五、六年まえからのこと。最初は、抵抗感があった。それは、「鉄砲で撃つぃうのはな、ひょっとしたら、あの薬きょうの臭いがあたって、肉にまわらへんか」が心配だったからだ。だが、大丈夫だとわかって、以後はピストルにかわる。

むかしは、屠殺する場所まで綱で牛を引いてきた。「そや、だから仕事する場所まで、牛をひっぱってくるわけよ。ロープながいやつ、ロープを、一〇〇メータぐらいのロープをつけて」。一〇〇メーターのロープでつながれてくる牛たちの光景！「まぁ、ロープ何本かかけて、（屠殺）すんねんけど。失敗したら、ハンマーでどつくの失敗したら、そんなロープみたいなもんもっとられへんでね。くくったたって、ぶっちぎっていきよっから」。

いまは、牛は壁にかこまれた狭い通路を、ノッキングの場所まで追いこまれる。前後にしからうごけず、スペース的にも暴れることはできない。

ただ、ピストルで撃つといっても、弾が発射されるのではない。ながさ五センチほどの突起が、衝撃でとびだし頭骨に穴をあけ、牛を失神させるのである。

その牛が失神して転がったさきには別の人たちがおり、その人たちが、ピッシングといって、とどめとなるプラスチックのワイヤーを眉間にあいた穴から刺しいれて脳を破壊する。そのとき、気をうしなっていた牛は、わずかに足をばたつかせる。

「(ワイヤーは)大脳から小脳にぬけて、背中のほうにはいるから。脊髄のほうにね。せやからなんぼあるかな、一メータちょっとあるかな。うん、一メータ、大方二メータあるんちゃうかな。いうたら、もぅあれで、大脳小脳をワイヤーがとおったら、もう牛は立たへん」。

ただ、鉄砲の衝撃が、万が一あまくはいって牛の意識がのこっていると、大変危険な作業となる。じっさいわたしたちは、その場面にいきあったことがある。そのとき、下の階ではたらく人たちは、冷静に、そしておどろくほどの的確さで、はげしくうごきまわる牛の額めがけてハンマーを打ちおろし、とどめをさした。いくら倒れた状態で足をばたつかせているとはいえ、蹴られれば大けがをする。その牛の足をかいくぐってハンマーをふりおろすタイミングは見事というほかない。

牛のうごきが確実にとまったところで、喉の血管を切って血抜きをする。そして、うしろ足のアキレス腱のところにシャックルトロリーをひっかけ、つりあげた時点で、頭《かしら》と前足がおとされる。おとされた頭は、内臓屋さんの台にはこばれて、タンや頬肉がとられることになる。なお、ＢＳＥ（牛海綿状脳症）事件以降は、獣医さんがそのまえに頭から延髄を採取し、検査をおこなっている。

さて、つぎは皮を剥く工程。

かつて、芦原のころは、牛の皮を剥くときは、床に溝をほって、そこに牛の背中のぽっこりでた部分をはめこんでいた。「最初はね、石床のまんなかをくりぬいて、水がたまらんようにな、流れるようにして、背中がぽんとはまりこむようにしたったんけどな。ま、それが便利がわるい」。

便利がわるいというのは、「ところがそれしても、それ以上にやせた牛がくるもんやから。ころころ、こないなると、どうしようも、仕事ができひんでな（笑）」。つまり溝の幅よりやせた牛がくると、ころころと転がって作業しづらいので、結局、溝は埋めてしまった。「ほいで、今度はキリいうて鉄の棒、さきが両方がとがったやつで、ポンとたてよんねん。つっかえ棒みたいにしてね」。

このキリを利用して牛を固定し、皮を剥くやり方は、「大昔（つまり、それ以前）」からやっていた方法で、ふたたびそれが採用されたわけだ。脇腹に棒をあて、固定する。一本で充分らしく、そのキリをたてたほうから皮を剥きはじめる。「おお、ウィンチが六つあってん。ほやから六頭ずつ倒れる。だいたい一人、五分ぐらいで剥けあがるからね、いまみたいに暇かからへん。オレもそんな時分はわかいしな。はははは、だいたい五分か、そこから剥きあげ、肉になっとったからね」。

いまの西宮浜の屠場では、牛の皮剥きにかんしては、ダウンプーラーというオーストラリア製の機械で自動的に皮を剥く「ライン」（これについては最終章で紹介する）と、屠夫長さんたちが手作業で皮を剥いている「床」との二つの工程が存在する。

現在、「床」で皮を剥くときは、床に直接牛を寝かすのではなく、衛生のために三〇センチほどの高さのステンレスのパイプ台でおこなわれる。寝かせた牛の、胸の上から下へまっすぐナイフをいれてから、背中にむけて皮をひらいていく。うしろ足はここでとり、背中のところまで皮を剥いたら、またつりあげて、いっきに皮を剥ぐ。また、皮を剥きながら、あとで内臓をとりだすための前処理もする。つまり、尻の穴のまわりにナイフを入れてから、肛門にビニールをかぶせてしばり（結紮《けっさつ》し）、肉を糞でよごさないようにするのである（写真1-2）。

そして、つぎに内臓をおろす。おろした内臓は、獣医さんの検査をへて、内臓コンベアーにのって

写真1-2　剥きあがり

写真1-3　背割り

洗い子さんのところへはこばれていく。

そして最後は、背割りの工程。屠夫長さんがおさないころは、お父さんがこの工程の作業をしていたそうだ。いまでこそ背骨のところに電気ノコギリをあてて一〇秒ほどで二つに割っているが（写真1−3）、むかしの背割りは、手動のノコギリでおこなわれていた。

でも、むかしのノコギリは外国製で、それはたいへんよく切れたそうだ。「手で挽くのんでも、そんな（時間が）かからんかったよ」と屠夫長さんはいうが、「重労働ですよね」というメンバーの問いかけに「重労働や、ほんなもん。ほんでも、わかさやなぁ、あんなときはな。わかいから、もうめちゃくちゃしとった。人に負けんのいやな人間やから、負けん気強いから、むこう牛、皮剥くのと、こっちが背引くの（背割りするの）と、いっしょぐらいに仕上げな。競争みたいなもんや。負けんの嫌いやから、がっが、がっが、いった。待つぐらいでなきゃ、気がすまんもんやから」。

さすがは、屠夫長さん。手ノコで背割りをしていたころの屠夫長さんは、皮を剥く工程の人たちよりもはやく背割りをおえようと競争をしていた。重労働を、遊びのようにかえてしまう。その仕事場は、きっと活気にみちあふれていただろう。

包丁を研ぐ／謎の包丁屋

「もうおれは、じぶんのつかう道具は、どこのやつであろうが、役所のもんであろうが、じぶんのであろうが、ぜったいに粗末にしたことあらへん」。

道具にたいする屠夫長さんの思い。それは、包丁にかんするつぎのような話からもうかがえる。「魂いれて研がんかったら、おまえ、じぶんがえらい目するだけや」。包丁は、この仕事に欠かせぬ重要な道具である。「おれら、包丁研いだってその日は切れへん。その日はぜったい切れへん……二日、二日ぐらいしたら、むっちゃくちゃ切れる」。その理由は、屠夫長さんにもわからない。だが、包丁にはそんな性質もあるらしい。

そして、もっと不思議なこと。それは、屠夫長さんが包丁を研いでいるところを、ほかのだれも見たことがないということだ。「人に見られたことないねん……研いどるときは不思議とだれも来ぃひん、ふははははは、会いそうなもんやけどな」。だいたい何カ月かに一回ほどしか研がないそうで、研ぐのは朝だ。「そういえば、おまえの包丁研いどんの見たことないないうて。いや研いどるで」。こんな会話がかわされるということは、屠夫長さんの包丁がよほどよく切れる証左だろう。

ほかの人から研ぎ方をおしえてくれといわれるほどの、屠夫長さんの切れ味抜群の包丁。人もうらやむ包丁とはいえ、やはり、包丁は消耗品だ。「も、皮を切ったりとか、すると、牛の糞がついとったら、砂がついとるからな。ついたら、じゃりじゃりいうたら、もうそれで、刃がだめや。そやから何丁も持っとらなあかん。包丁研ぎだけでも、六本か七本ちびらさんと(笑)、あれがあかん、よう切らさへん。包丁が切れたら、仕事が楽やでな。包丁が切れへんかったら、もう仕事にならへん」。

研いだ包丁は、さらにヤスリにかける。「こういう鉄の棒があるんですよ。あれのかけかたを、この指とこの指でおぼえさすわけですわ、角度」。ヤスリをかけることで刃はまたとがってくるが、そのさい、やすりをかける角度が重要である。「ヤスリ、これするたんびに、包丁の刃がきれいになってくる。これだけは不思議なもんや。ほやから、この指とこの指がね、おぼえとるんですわ、角度を。この二本が。おもて研ぐときはこの指がおぼえとる。うら研ぐときはこの指がおぼえとる、角度を。その刃の角度をみなおぼえとる」。

そういう技術は、はたしてほかの人に伝授できるものなのだろうか。

「鉄の棒みたいな、ヤスリの合わせと、包丁を研ぐのんと、いっしょでなかったらあかん。もう、オレらでもつかれてきたら、ヤスリのかけかたが荒なるやん。やっぱり切れへん。ほやから包丁の研いどるの、研いどる刃のつけ方と、ほいで、ヤスリあわす刃のあわせ方な、これが一致せえへんかったら、絶対切れへん。これだけは自慢できる。ほやからみんな、いっぺん研いでくれっていうけんどな、研いだるんは、なんぼでも研いだるわ、いうて。そやけんども、やすりの合わせかたが違たら、おまえとオレとあわせたら、全然ちがうわな。それやったら、いま切れても、つぎになったら切れへんから」。つまりは、やすりをかける角度が重要なので、やはり最終的には各自がやるしかないのだ。屠夫長さんは誰にも研ぎ方をおそわっていないが、包丁がよく切れる理由だけはじぶんでもよくわからないという。

では、その屠夫長さんのつかっている包丁は、いったいどんな包丁なのだろう。「何千円も出して、何万も出して、包丁買うてきよるけどな。ほやけんど、オレそんなん一回もつかったことあらへん。

ただでもろうたか、五〇〇円で買うた」。屠夫長さんはなんと、五〇〇円で包丁を手にいれていた。一体どこで？「いや、ここに、あのむかし、三木のほうで包丁打っとる人がおってな、その人が、競輪いきたいために、お金がほしいから、じぶんで打ってくるねん。何本、何十本いうて打ってくるねんけどな。あのふるい屠場のときに、その人がようきよってん。もぅ、名前もいえへんし、そんなん、五〇〇円のおっさんきた、五〇〇円のおっさんきた、いうて」。むかしの屠場へは、変わった人が出入りしていたようだ。

「そらまあ、おもろいおっさんや。ほいでビール飲みたいとか思ったらな、包丁もってくるしな。買うてくれ、買うてくれいうて。ほらまぁ、みとったら、不っ細工な包丁やのぅ、て言いよるけんど、やっぱり切れ味は、天下一品や、その包丁は。もぅあと一本もっとるだけ。一〇本ぐらい買うて、九本（使った）。ほらぁ、見事や」。かつて、芦原屠場の北側に西宮競輪場があった。屠夫長さんをうならせた不思議な包丁屋さんは、その競輪場にいってたんだろうか。

牛を追う

屠夫長さんは、まだわかいころ、食肉卸業者にたのまれてよく牛をつれにいった。むかしは、いまのように牛をはこぶトラックがない。だから、三頭ぐらいずつ縄をかけて、屠場まで牛を追ってくることになる。そのときの話がおもしろかったので、二度目のインタビューのときに地図を見ながらくわしくきかせてもらった。わたしが地図を見せると、「苦手やねん」といいながらも、こんな話をしてくれた。

「オレら、もぅむかし、三田の広野いぅとこあるでしょ。三田の広野。新三田駅のあっから、歩いて追うてきたことあるねん」。汽車がはしっていたころだ。駅をおりると、すでに今日の牛がまっている。朝七時。「あん時分は、あんな牛は楽なんや、百姓しとるから」。そのころの牛は、田んぼを耕すためにつかわれており、よく人のいぅことをきいたといぅ。

「ロープ一本で自由自在にうごかせる。ほやけど、あの小屋から、牛の小屋からでるでしょ。ごっつぅあばれるねん。うれしいてたまらんて。ぎゃっ、ぎゃっ、ぎゃっ、ぎゃっ、よ。それも、一〇分ぐらいかな、一〇分ぐらいはすんねん、そないして。ほやけども、朝あるきだして、三〇分くらいしたら、もぅじき、へばってきよる、牛のほうが。ほしたらもう途中で、草鞋《わらじ》はかしたりね。……牛が、あのアスファルトのうえ、ざらざら石のうえ、歩かしたら、爪、割ってまうから、草鞋はかすねん」。牛にはかす草鞋は、お百姓さんが用意してくれる。

「かしこいで、牛も。足ぽんぽんってたたいたら、あげよんもん。はきかえるいうこと、わかっとる。草鞋交換やなって、足あげとる。牛の草鞋もかえたらなあかんし、自分の草履もかえなあかんしな」。当時は屠夫長さんも、靴ではなく、わら草履で長距離をあるいていた。

たまに車が横をとおると、牛は怖がる。「よしよし、よしよし」と声をかけながら、先頭の牛をつかんでおく。車のほかに、牛には、もう一つ天敵がいる。いや、屠夫長さんにとっての天敵、というべきかもしれないが……。

「ほいでキツネやタヌキが、前で立ちよるからな、あのへんは。もぅ、牛、あるかへんやん、キツネがばあんと立っとったら、もう牛、絶対歩かへん。どないひっぱるも、あるかへん、怖いから」。からだの大きな牛でも、キツネやタヌキがまえにあらわれると一切うごかない。キツネやタヌキがでるのは暗くなってからである。「うん。ほいで、マッチ、恵比寿のマッチ一箱もって、えいって飛ばすねん。ほしたら、また牛とっととっと歩きよる」。マッチに火をつけ、軸だけを器用に飛ばしながら、天敵を追いはらう。「そんな思いしたん、わしぐらいのもんちゃうか、そんなん。いまやったら、おっさん、あほちゃうかいうて、なんでそんなとこから歩くねん、って。時代が時代やからの、しゃあない。時代は時代にあわせてせな」。

屠夫長さんは、たのしそうにつづける。「はははは。それでな、行ってな、印象にのこっとるいうのは、ひとつだけ。草鞋、最初交換したときだけやわ。は、は、なめてかかっとったら、どえらいめにあってん。ふはは（笑）、足でポンポンけられるねん。うしろむくからな、こちらが、あはははは。いまでも、場所だけは覚えとる。有馬の街道あるやん、あれのちょっと手前のところで、あの、ポリボックスかなんかあったん。あこで、うまいこと牛繋ぐようにな、木が立っとんねん。そこでくくってな、ここで（草鞋を）替えよかいうて、ほんでまえ足かえて、こんどうしろ足のほういったら、うしろでぽかんって蹴りやがんねん。ほんま、牛も知っとるで。きついのは、絶対蹴らへん。じぶんが替えてもらうのわかっとるから。ほんなもん、ふつうに蹴られたら、どえらいめにあうで」。牛も、なにやら戯れていたんだろうか。「まえ足、替えてもろとるからな、うしろ足、替えにいったら、ちょっとわるい事したれって、やるんちゃうか、あれ」。

道中、キツネやタヌキに、歩みをとめられながらも、牛のペースにあわせて、ゆっくりと追う。屠場につくと夜の八時か九時になるそうだ。朝七時に駅を出発するのだから、一日仕事だ。三田から、西宮へと南下する。一七六号線を通り、宝塚手前、中津浜線を通って、門戸厄神のほうへとすすんでいく。そして、一七一号線まででれば、屠場までもうすぐだ。ことばと地図でたどるのはかんたんだが、これは、ほんとうにながい距離だ。屠夫長さんに「ははっはは、あるいてみる？　あはははは、はは」と挑まれたが、さすがにこれは牛をつれてなくても無理だと思った。

牛が逃げる

「ばあんって、立ってくる。立ってきたら、えらいこっちゃ」。

車からおろすときや、ノッキングを失敗すると、むかしは、牛が町中を逃げまわることがあったという。わたしたちが笑っていると「関学のほうまで逃げた牛おるで」と屠夫長さん。西宮北口（芦原）から関西学院大学（上ヶ原）までといえば、「それって山のぼりますやん」とのメンバーのおどろきに「そうや」と、またまたすずしい顔。屠場の場内や、周辺を逃げまわるのかと思っていたが、「門戸厄神までいったことあるんや。おう、こいつ、厄神さん、先、詣りにいきよった、いうて」と、屠夫長さんは、洒落たことをいって笑っている。結構な距離を、牛は逃げまわる。つかまえるのは、まさに大仕事だった。

一度だけ、逃げた牛が人を傷つけてしまったこともあったそうだ。「ＪＲのあの国道、ガードの下でおろした、あの牛を積んできた人の、車のドアがはずれたらしい。それが、だーん出て、ほんで、ガードをあれしたんやけど、あそこのガードのとこで、女の人が……おったらしい、それをばーんてはねて、ほて、だああーっといって、卸市場のなか、卸市場の駐車場のとこはいって、そっからもう、オレは一目、見ただけでわかったわ。あ、こいつ人やったなと」。その後、牛を積んできた人は、これ以上怪我人をだすまいと、警察に「見つけたら撃ってくれ」とたのんだという。車で牛を追いこみ、やっと騒動はおさまったそうだ。ちなみに、そのときはテレビの取材もきて、全国に報道されたという。

屠夫長さんがいうには、牛は匂いや雰囲気で逃げることがある。「一人でひっぱっとるあいだに、ばぁっと逃げる。見計らったように逃げる牛がおる。まあ、そんなんは、あんまり害には（ならない）、人怪我させたとか、そういうことは絶対あらへんでね。どついたあとのやつは、ちょっと始末におわれへん」。屠夫長さんは、牛の表情からもわかるという。「もぅ、牛が、ぱっと見たらな、顔あわしたら、すぐわかるねん、狂っとるか狂ってへんか。狂っとるやつは前足こないしよる。うん。ほいで、一回、こぅ、さがっとって、だあっときよる、反動つけて」。それでは、まるで闘牛だ。

牛が逃げると、仕事はとまる。「やめてな、へへへ、んなもん一日ぼうにふるんや」。牛をつかまえるため、職人さんたちは総動員だ。「もうわかるやん、ついていくから、みんなおしえてくれるし」。その声をたよりに、全員で追いかける。牛は案外、走るとはやいらしい。ちょっとしたお祭り騒ぎだ。あれ、「なんか、そこの二号線のあこに、簡易裁判所あるやん。あそこの塀の幅、だいぶひろいで。シューって、シューって越えんのやで。うわぁーっておもったもん。馬みたいなやつやな、こいつ、ヒューって、馬みたいにこえていきよったもん。うわー、なんでや、いうて。ほら、おもしろかったけど」。屠夫長さんは、興奮気味に、牛が塀を飛びこえて逃げたようすを語ってくれる。

「そやから、逃げよるなぁ、いうて。前足を、こぅあげるやつは」。屠夫長さんが牛を追うときも、逃げそうになることはあった。「（引いている）前の牛にきゃーって、があっと押されてひっくりかえったことあるわ。そやけど、角をこぅまえ（から）もって、こうもって、ぐっと、したら絶対それ以上押さん、よう押さんねん。人間の力いうたら、おかしなもんでな。がっと、角二本こぅもつやろ。もって、がってつかんだら、うごかへんで。むこうもあれでくるから、こっちもな、ほんまの力だして、がって、ぐうっと押すから、ほんなもん」。

角をもって、牛の突進を止めること自体、強力だが、さらに、むかしのほうが、牛ははるかに大きいらしく、またまた四〇〇キロの枝肉担ぎの話とおなじく一同耳をうたがったが、だんだんといろんな話をきくうちに、「この屠夫長さんなら、牛をとめそうだ」と思えてくる。

「いやな、いややな、おもとったんよ」

「これで、もぅ、負けん気がのぅなったら終わりやな、じぶんでも」と言ってから、屠夫長さんはさらに、「ほんでも誇りやな。なにするにしても、じぶんに誇りをもっとらんかったらでけへんわ」と、威勢よくつづけた。

そのとき、「でも、(仕事を)はじめたばっかりのころは、やっぱり誇りっていぅのももてへんでしょ」と、メンバーの一人が口をはさんだ。それをきっかけにして、とつぜん、屠夫長さんの表情が曇りはじめたのである。そして、しばしの沈黙のあと、屠夫長さんは、「いややな、おもっとったんよ。そら、歳わかいときは、そんなんな、人に言われへんでな」と、つぶやくように洩らしたのだった。

じつは屠夫長さんは、ずっと屠夫をしていたわけではなく、わかいころ、すこしのあいだほかの仕事をしていた。といっても、一年ほど。「わかいからな」と、ちょっと別の仕事もしてみたくなったそうだ。

それは、タンクローリーの運転手だ。ドラム缶をはこぶときに、屠夫長さんは、屠場でつちかった怪力をまたまた披露することになる。「そら、あれやったわな、そこいったときも、ひとに負けんのきらいやし、どうしようもあらへん、すぐおぼえたで、仕事。ほんま。ドラム缶ころがすのんでもな、すぐおぼえたで、力あるしな。力あるから、なんでも力まかせにいくねん。ドラム缶なんかも、二本いっしょに、がーんて起こしたときはびっくりしとったで」。

おそらく、職場の人たちも、心底おどろいていたのだろう。「半年ぐらいで、こんなもん、起こせるんかい。なんの力しとんねん、いわれた」。

「(牛とちがって)ドラム缶はあばれないですもんね。でも、逃げていかないですか、転がって」というメンバーの合の手に、屠夫長さんは笑いながら、「そらな、ドラム缶ころがしとって、ぴゅーんて、足でぽーんて蹴ったら、じぶんの思たところに走るやん」とまた、私たちの想像をこえる技能が語られる。

さて、屠場の仕事からいっとき転職をしたわけだが、そのころ、いまの奥さんと結婚する。そして、まもなく屠夫長さんは、働き手がいないということでたのまれて、また屠場ではたらくことになる。でも、結婚した当初は、奥さんにも仕事のことをいえなかったという。

「最初はな、知らん顔しとったけど、ふふふふ。ここ(屠場)ではたらいたことない、いうて。嘘いうたって、わからんし。ほいで、子どももできるやん。できたらやっぱり仕事、なにっていわれたら、そら、そこらもぅ、親方連中にたのんで、そこ(食肉卸業の会社)ではたらいてる、とかいうかたちとってたけどな」。

そして、屠夫長さんは、こうつづけた。

「そやから、わしぐらいまで、ちゃうんかな、(屠夫の仕事を)するのは。いまのわかい子はできんやろな」。今日でも、ときどき若い人たちが屠場の仕事につくが、ほとんど「三日坊主」で、ながくはつづかずにやめてしまうらしい。

やはり「誇り」は、どんな仕事にもついてまわるものなんだろうか。わたしには、わからなくなってきた。そんなとき、あのノッキングの光景がうかんでくる。屠夫の仕事のすべてがつまっていたかのような、牛をなでてから屠る、その一瞬の光景が……。

「きたなぁ働いて、きれいに食え」

「そやから、もぅ、あんな時分のほうがええかな思うねん。のんきでええやろな思って」。「昔はな、もぅ、風流やったわ。牛追うとったって」。

屠夫長さんの話をきいていると、子どものころから牛が身近にいた情景が、色彩感たっぷりにつたわってくる。

屠夫長さんの仕事中の写真をとらせてもらうことになり、わたしたちはたくさんの写真を、仕事のじゃまにならないところからとりつづけた。屠夫長さんは、写真をとるわたしたちの横を、剥いた皮をずるずるとはこびながら、「重た」とぽつりといいのこして、またつぎの牛の皮を剥きはじめた（写真1－4）。ときに、ひくい姿勢でしゃがみ、ときに、顔をよこにむけながら、まさに体中をつかって、皮を剥き、ヤスリをかける、その一連の流れは、わたしからは、まるでなにかの演舞のようにも見えた。

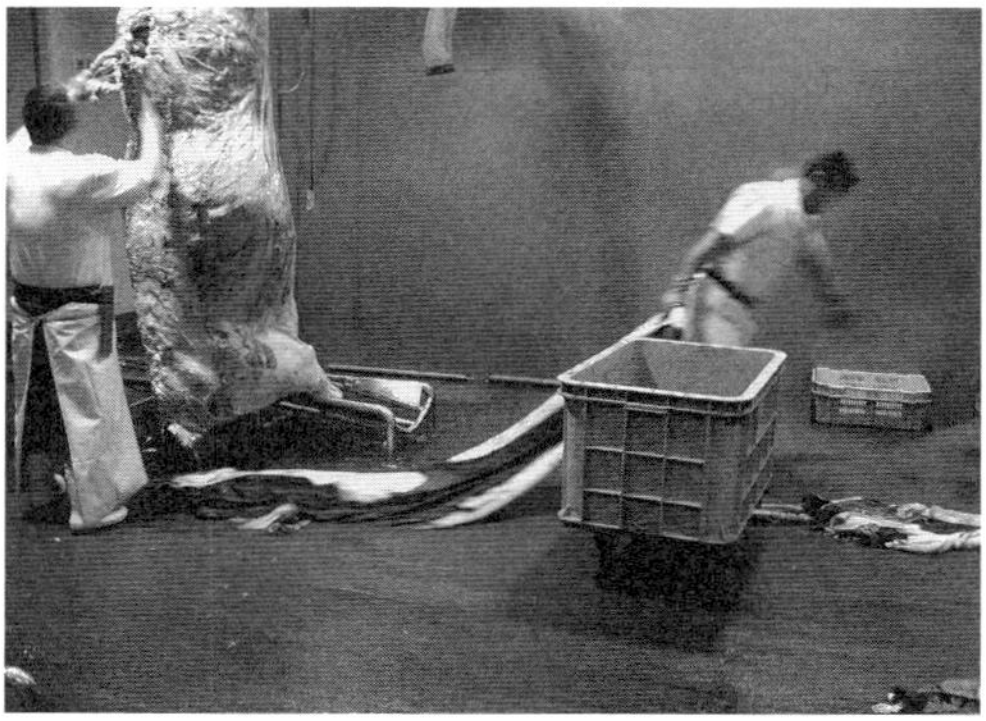

写真 1-4　皮を運ぶ

皮を剥いた牛をつりあげるため、機械のボタンを片手に操作しつつ、じっと牛をみつめている。また、しっぽをとおくはなれたカラコンになげこむのもうまい。ときおり仕事仲間となにかを話しながら、笑いながら作業をしている。むかしにくらべて、さばく頭数はふえたそうだが、それでもむかしの趣を感じさせる、ゆったりとしたおちつきのある仕事っぷりだ。

仕事のことをほかの人にいえなかった、と語ってくれたあの日、屠夫長さんは、ゆっくりと大きな声でこうもいった。「ほんま。ほんまに、親父のいうたことがわかるわ、わし。きたなぁ働いて、きれいに食え、いうて」。

わたしのなかで、あのノッキングの一瞬の光景と、ほとんど技術をおしえてくれなかったお父さんから屠夫長さんへと受け継がれた仕事の本質、そしてかつての牛とのさまざまな係わりの情景、すべてが見事に繋がっていく。もちろん、人は食べていくため、じぶんのため、家族のために、仕事をする。しかし、それだけではない。職業そのものに、仕えるということ。血をあび、水で清めるかのような仕事っぷり。そこにわたしが見たもの、それはもはや、なにかのため、だれかのため、といったことを越えたものすら感じてしまう。それが風情だったのかもしれない。

「人にいやがられてもかまへん、はたらけとったら、だれにも迷惑かけへんかったら、それでええ。で、食べるのはきれいにして食べたらええ、いうて。まぁ、この歳になってわかったけど」。

屠夫長さんは、打ち振るう包丁のリズムのように、豪快に笑っている。

第2章　偶然の職人

屠《と》室《しつ》の朝

豚の解体場は、食肉センターの二階にある。

このセンターでは、一日平均二二〇―三〇頭の豚が処理されるが、きょう予定されているのは、すこしすくなめで一四〇頭ほど。

前日の夕方、あるいは当日の早朝に兵庫県内や京都、三重、島根の養豚農家から大型トラックではこばれてきた豚たちは、車からおろされると、一階にある小動物係留所の鉄パイプで区切られた二〇あまりの升に、十数頭ずつ分散していれられる。

係留場の周囲には、家畜に特有の糞や小便のいりまじった臭いがただよっている。

なかをのぞくと、床にでんと寝そべっている豚もいれば、ブーブーとせわしなく鳴きかわしたり、からだを押しつけあっている豚もいる。

あちこちの升から、断続的にキーキーという甲高い悲鳴がわきおこり、それが高い天井にこだましてふりそそいでくる。目のまえにいる豚たちの肌は、薄いピンクやベージュ色がおおいが、黒い斑入りや薄茶色といったようにさまざまである。週に一回は、黒豚がもちこまれる日もあるという。

朝、八時半。

機械室のボイラーがうなりをあげてフル稼働を開始し、排気や排水にかかわる浄化設備のチェックも一通りすんだ頃合い。

二階の作業場では、解体用の機械類の試運転もおわり、湯剥ぎ用の水槽にたっぷりの湯がはられて、電動ノコやナイフ、長靴等々にたいする消毒の準備もすべて万端ととのった。係留所で獣医さんの目視による健康チェックがおわると、いよいよ豚の追いこみがはじまる。

一番目の卸業者の豚が、升からだされて追いこみ場へと誘導される。そこから、屠室へむかう通路へ、つぎつぎに追いあげられていく。通路は、一〇〇キロ前後のふとった豚が一頭通るのがやっとの狭さ。それに、三〇度はあろうかというかなりの傾斜がついている。

幾度目かの見学のさいに、じっさいに歩いてのぼってみたことがある。底がすり鉢状にくぼんでとても歩きにくかった。あとからきいた話では、はじめこの通路には豚をはこぶベルトコンベアが設置されていたが、豚はうしろ足のほうがながく、この程度ののぼり坂は、コンベアにのせるよりもじぶんで歩かせたほうがスムーズに流れるというので、早々に撤去されたとのこと。わたしたちの感じた歩きにくさは、どうもその痕跡であるらしい。

狭く急勾配の通路に追いたてられた豚たちは、うしろからくる仲間と押しあいへしあいをしながらのぼっていく。最後の五メートルほどの区間は、一頭ずつレストライニングコンベアにのせられて、噴出するシャワーをあびながら屠室へいたる。

それは、ほんの一瞬のことだった。

まちうけていた職人が、両端に電極のついたアーチ型の器具を、うしろから豚の首にあてがう。通電の瞬間、豚のちいさな目はこれ以上は無理というほどまん丸に見ひらかれ、たれていた両耳も天にむかってピンとつきたつ。直後に、豚はもうショックで失神していた。職人は、間をおかずに斜めまえから豚の首にナイフを入れて頸動脈をつき放血させる。

この一連の処置は、豚が悲鳴をあげるすきもないほど、まさに、あっという間の出来事だった。

肉質を良好にたもつためには、心臓がうごいているあいだに、すなわち絶命寸前の失神状態の段階で、すみやかに生体から血をぬきさることが不可欠である。牛にしろ豚にしろ、屠殺のための一撃が、心臓を直接ねらわないのはそのためである。

いきおい屠室の放血場は、大量の血が奔出し、一面に血の臭いがたちこめる場所となる。

職人が、倒れた豚の片足に手際よくクサリをかけてから、手元にさがったスイッチをいれると、すでに出血死状態の豚は、自動的にチェーンに吊りあげられ、首のつけ根からのこった血をしたたらせつつ、二階の解体室へとはこばれていく……。

偶然のきっかけから職人に

豚の屠殺や解体処理の作業現場の見学が実現するまでには、センターで調査を開始してからすでに一年あまりがたっていた。

「豚の職人さんのなかに、見学なんてもってのほかや、て言うてる人がおりますので」

見学の申しいれをするたびに、センター所長さんから、申し訳なげにおなじ断りのセリフをつげられていたわたしたちは、どうしても認められないのならやむをえないとすでに覚悟はできていた。そんな、ある日のこと。見学に反対しているという当の職人の方にようやくアポイントメントをとることができ、面談にこぎつけたのだった。

「インタビューうけんの、いやや、いうたんやけど。忙しいし、ほんなもん、ええわー、いうて。今日は、主任さんがきて、主任さんが何回も、こぅ、昨日も（面談依頼の）電話あってんけど、いうから、なら、また、どっちみち、今日断っても、また（笑）、主任さんにいわれるな、思うたから……」

その男性は、予想にたがわず、きわめて率直な話し方をする人だった。じつは、彼の父親もおなじ職人で、彼がこの仕事についた時分は、職場で屠夫長《とふちょう》をつとめていた。

それで、てっきり、得心ずくでこの仕事を継いだのかと思ったら、意外にも、彼は、高校時代に父親の手伝いをしてみて、「こんなん、ようせんわ」と感じたといい、就職先は、まったくべつの会社にきめていたのだという。

ところが、まさにその初出社の当日。思いもよらぬアクシデントが父親の職場をおそった。その出来事をふりかえって、彼はつぎのようにのべている。

「出社のその日に、ちょうど、親父が、こぅ、頭をかかえて、（急に職場で人手がたりなくなって）一人では作業ができへんいうことで。まぁ、お袋が、いままで、こういう仕事したらあかん、いうてたんですけどね（笑）。親父のそのすがたみて、可哀想に思うたんでしょうね。お袋も、いままでずっと親不孝かけてきたんやから、ちょっと親孝行する意味で、あんた、やらなあかんのちゃうかー、て。も、いきなり、むこうの就職先に電話して、あの、ちょっと今日は、申し訳ないけども、いうて、急用が、お父さんの会社がこうこう、こうでってなって、ほでもぅ、いやいやですけど、まぁ、やらなあかん、運命ちゅうたらいいのかわかりませんけど……」

結局、彼は内定していた会社に一度も出社することなしに、この食肉センターでその後の二〇年あまりを解体職人としてはたらき、今日にいたっている。当初、職人の仕事になかなかなじめなかった理由を「やっぱ、きたないですからね」と表現した彼が、二〇年後のいま、「ここにきたんが、もぅ、天職じゃないけど、一所懸命、いまはね、やってますけど」と語るようになるまでに、いったいどのような心境の変化があったのか？　私たちにとっても大変興味深い。

たとえば、ちいさいころから父親につれられて何度か仕事場に出入りしていたときの体験。彼は、わたしたちの質問の意図を先取りするかのように、そのときの印象を、じぶんからこう語りだしたのだった。

「ああ、ぅーん、そとでね、なにか、いまでもそうですけど、そとで動物とか死んどったら、目、おおうじゃないですか。でも、ここ（屠場の仕事場）に入って、なかで、仕事がはじまったり、こういう工場になると、なんか荷物みたいな感じ？　ぜんぜん、生き物としてとらえていない。やっぱ、目とか見たら、可哀想やなとは思うけど、まぁ、まぁ、仕方ないなぁ、と割りきって。だから、（屠場を見た）はじめ、ちっさいときも、そんなに衝撃的な感じはなかったですけど」

もちろんこうした表現は、一朝一夕にうみだされたものではないだろう。屠るとは、いったいどういう営みなのか？　みずからの従事する屠殺と解体という仕事にたいして、以上のようなじぶんなりの説明をきずきあげ、じぶんなりの意味づけを表明できるようになるまでには、おそらく背後に長いながい模索の時間があったにちがいない。

そうした試行錯誤をへてきたなかで、いま、彼にとっては、たとえ目のまえの生きた豚であっても、センターで解体されて、あっという間に枝肉へとすがたを変えていくという点で、かぎりなく「荷物」にちかい存在として観念されている。しかし、それでも、屠殺まえの動物の目を見たら「可哀想やな」と思う。その気持ちは、いつまでたっても捨てきれない。だから、あとはじぶんなりに「割りきって」いくしかない、という。

もちろん、それは、じぶんの内面での「割りきり」だけですむことではない。なぜなら、彼らは折にふれて、「どんなお仕事をされているんですか？」という他者からの（さして切実でない）問いをきっかけに、みずからの仕事内容を周囲にもわかるようにつたえていくという、幾重にも困難な対応を日々もとめられることになるからである。

彼は、わかいころ、職業をたずねられると「豚、殺してんねん」と、いかにも彼らしくストレートに答えていた。しかし奥さんから、「いきなり、そういわれたら、（相手も）やっぱり引くで」と注意され、いまでは、とくに隠そうという意図からではなしに、「豚を、捌《さば》いてる」とか「卸してる」とか「カットしてる」とかいう言い方をしているという。

「見て、どないするの」

そして話題は自然な流れで、つい最近、中学生の息子さんが仕事場に見学にきたときの話へとうっていった。

「息子もこないだつれてきて、で、まぁ、じぶんの仕事っちゅうかね、親の仕事、見とくぶんも、そういうねぇ、隠す必要もないし。で、見てたんですけど、あのう、素直にとらえてましたけど。えぐいなぁ、とはいうとったけど（笑）。ちょっと、豚、あの通路に追わしたりして、手伝わしたんやけど。血とか、ついてたけど、なんか、ま、（わかいころの）おれとおなじ気分やったのかしらんけど、割りきってるみたいな。ま、やっぱり、ほかの施設管理の人が、ああ、気ぃつこうたんかしらんけど、ちょっと、よそいこう、というて、冷蔵庫のほうへつれていってましたけどね。まぁ、息子は、なんも。また、くるか、アルバイトくるかぁ、いうたら、うん、いいよう、とかいうてました」

このくだりにさしかかったあたりから、きいているこちらにも、おやっ、わたしたちの見学に反対しているにしては、ちょっと話がちがうんじゃないかな、という戸惑いが徐々に芽ばえはじめていた。だが、この疑念を、はっきり口にできたのは、インタビューも大方終盤にはいってのことだった。

「あのう、牛のほうは見学させてもらったんですけど……、豚のほうについては、あのう、見てもらったら困るといわれてるんですけど……、それは、えっと、どなたが……、そういわれてるのかなって……」

と、おずおずながら思いきって問うてみる。かえってきたのは、「いや、知らん」という、なんとも素っ気ない返事。

そしてみじかい沈黙のあと、彼は、おもむろに口をひらいた。

「おれやー、いうて、だれかがいうとったけどな。おれに、なんでそんな話が？　なんで、おれやねん。なんかしらん、だれか、二人ぐらいにきいた、おれが（見られたら困る）いうてるからー、いうて。だれが、いうてん？　おれは、見んなー、なんて、一言もいうてないし……」

そうして、彼はこうつづけたのだった。

「このインタビューは、このインタビューうけんのはいやや、いいましたよ。なんか忙しいし、ほんなもん、ええわー、いうて。（ただ、見学については）ま、本質的には、その、見られて、べつに恥ずかしいことでもないけれども、ま、もぅ、うっとうしいじゃん、だれかきて、いちいち見てるの、そばで。だれでも、うっとうしいなとは思うやろうけど、見んのはべつに、ええん、ちゃう？」

なんともあっけない結末、もしくはアンチ・クライマックス的状況！

ともかく、彼のこの一言によって、湯剥《ゆは》ぎと皮剥《かわは》ぎという二つのラインをもった、全国でもめずらしい食肉センターの見学のための扉が、大きくひらかれたのだった。

しかしながら、この出来事を、たんなる職人間の誤解やら、間違った噂のせいにしてすませるわけにはいかないだろう。

なぜなら、わたしたちのおこなう調査にたいするさまざまな疑問が、そうした誤解や噂の背後にひそんでいたように思われるからである。
じっさい、彼は、このインタビューの最中にも、つぎのような鋭い問いかけをわたしたちになげかけていたのだった。

「見て、どないするの？　なんの、なに？　関西学院大学の大学院（の研究）でしょ。おれは、見て、なんの足しにもならんと思う、そんなん、見て……。見んと死ぬほうが、幸せちゃうかな、思うよ」

もちろん、この本書の全体が、彼からの問いかけにたいするわたしたちなりの回答にほかならない。はたして、わざわざ屠場の見学をさせてもらった意義を、彼はもとより、読者の皆さんに認めていただけるだろうか？
やっぱり「見んと死ぬほうが、幸せやったぞ」と返されたらどうしよう……。そもそもわたしたちの調査自体が、『人類の幸福に資する社会調査』の研究」（関西学院大学21世紀ＣＯＥプログラム）と銘打ったプロジェクトの一環だというのに……。

二つのライン

さて、屠殺された豚は、うしろ足の片方をジャックルに吊られて、二階の解体室へとおくられる。解体室では、豚肉の用途によって、湯はぎ用と皮はぎ用の二つのラインが用意されている。湯はぎ（「湯むき」ともいう）のラインで生産される枝肉の特徴は、皮が剥《む》かれずにそのままのこされている点にある。皮つきの豚肉としては、たとえば、沖縄のソーキそばの豚肉や、朝鮮料理の蒸し豚などを思いうかべていただければわかりやすい。食材にこうした皮つき肉を用いる料理にとっては、この湯むきの工程が不可欠なのである。

関東圏は「皮はぎ」、関西圏は「湯はぎ」とよくいわれるように、じつは、この食肉センターが西宮浜へ移転する以前の芦原町時代には、豚の処理は、湯はぎのライン一本でなされていた。しかしながら、当時、豚の処理頭数が現在の四分の一以下におちこんでいたこと、それから関西でも豚肉への嗜好が皮つきよりも脂肪ののりのよさのほうへと変わってきたこともあって、移転後に豚の処理頭数がのびるにつれて、現在では、皮はぎが、全体の九割までを占めるにいたっている。

その点で、「ラインを一本化すると効率がええんやけど」とか、「移転するときに、（ラインを）どっちか一本にしてくれ、て頼んだんや」といった声がいまでもあるものの、結局のところ、「やっぱり、（双方のラインへの）需要があるからいうて、もぅ、たのまれたんで、それやったら、しゃあない」ということで、現在の形におちついているようだ。

しかし、それが結果的には、「こぅ、二本のラインで、湯むきも皮むきもやってるいうたら、うちんとこだけちがうかな」というように、阪神間の屠場のなかでこの食肉センターに独自の個性をもたらしている、ともいえそうである。


こうした事情があって、このセンターでは、毎朝、湯はぎのラインからさきに稼働し、つぎに、皮はぎのラインへと移行していくことになっている。本日、湯はぎにされる豚は、十数頭ほど。六人の職人はそれぞれ、まずは湯はぎラインの持ち場で豚をまちうける。

片足をジャックルに吊られた豚は、まず、巾二メートル×長さ四メートルで、深さ一メートルほどの大きな湯はぎ槽に浸けられる。十数頭の豚が、たっぷりの湯のなかにゴロン、ゴロンと浸かってひしめいているいる様は、なかなか壮観である。

湯の温度はつねに六三度に調節されている。そのなかに一分半から二分間浸けこんで、毛穴をひらかせる。そして、ある程度毛穴がひらいたら、今度は、一、二頭ずつ、となりに設置された脱毛機に入れ、硬毛をゴムの回転板でけずって脱毛する。

この脱毛機は、上部は半透明のビニール・カーテンで覆われており、なかのようすが見えるようになっている。はじめて目にしたときのおどろきは、いまでもわすれられない。回転させられている豚の頭や足の影が、あたかもなかでバタバタともがいているように見えて、案内の主任さんにむけて、ありえないことなのに「まだ、いきてるんですか」という問いかけが思わず口をついて出てしまった。そのときに、主任さんがうかべた苦笑の表情もわすれがたい。

脱毛機をだされた豚は、巨大な正方形のステンレス台のついた作業台のうえにころがされる。横たわる二頭の豚にたいして、数人の職人が手分けしながら、まず、首を皮一枚残しながら落とし、つぎに、四肢の足首を切りおとしていく。頭と足首を落とされた豚は、うしろ足ののこった膝の関節の部分にナイフをいれられ、チンチョウ（あるいは股鉤《またかぎ》）とよばれる、ハンガーを逆V字型にひねったような形のフックに両方の関節を吊るされて、つぎの内臓出しの工程から、背割りの工程へとおくられていく……。

職人のわざとセンス

湯むきの工程がすべておわると、つぎは皮はぎの工程にうつる。屠室からフリーカーブコンベアに吊られてきた豚は、途中で湯はぎ漕へむかうラインからわかれて、皮はぎのための前処理がおこなわれる前処理コンベアのほうへとみちびかれる。

湯はぎ漕の反対側にずらりとならんだ七―八基のコンベアのうえに豚が横たえられると、四―五人の職人たちがそれぞれ豚の頭側と足側にたって、ナイフで頭や足を落としたり、エアナイフをつかって尻の皮や左胸の皮をむく作業にとりかかる。

青いビニール手袋、白い前掛け、白長靴の職人の人たちが、ほんの数十センチの距離をへだててとなりあい、左右に移動しつつ鋭利な刃物をふるうさいの表情には、いいようのない緊張感がみなぎっている。

「気ぃぬいたらだめですよ。ぼくは、しゃべりながらやったら、かならず、手、切る。だから、いまは、なるべくしゃべらんと。しゃべりかけられても、無視して、黙々とやっている」と、ある職人が語っていたのが、なるほどと納得される。

ただでも緊張をしいられる危険な仕事。さらに一九九六年に発生した病原性大腸菌O‐157による集団感染事件以降、衛生上の理由から、それまで使用されていた軍手にかわってビニール手袋がもちいられるようになったことも、刃物をあつかううえで、また一つ、困難の種となったという。

「手袋は、ナイロン手袋つけなあかん。あれ、もぅ、ごっついすべるんです、脂はね。だから、すごい不便、うん。もぅ、ナイロン（の手袋で）もって、冬場なんていうのは、なかなか、脂、固まったら、つるつる状態ですわ。だから、危ないしねぇ、倍、力いるし。（それまでつかっていた軍手で）それすると、なんか、やっぱり、菌が（手袋から）とれにくい、とかなんとかいうて、（衛生検査所の獣医の）先生がいうてはったけど。でも、きまった以上は、やらんと仕方ないし」

また、場内の各所に手洗い器やナイフの消毒漕が設置されたのも、O‐157対策の一環としてで

写真 2-1　内臓出し

ある。消毒漕には、八三度の湯がためられており、職人は、一工程が終了するごとにナイフやエアナイフを二秒間浸して消毒している。

さて、頭や四肢を落とされて（ただし、頭は首の皮一枚でまだぶらさがっている）、皮はぎ機にかけるための前処理がおわった豚は、両膝の関節の所でチンチョウに吊されてから、湯はぎのラインに合流して内臓出しの工程にすすんでいく。

内臓出し担当の職人が、肩の高さほどの台にあがっている。そこで、トロリーフックで吊りあげられてきた豚から頭を切りはなし、並行して流れる二本の検査コンベアの一方に落としておいて、下腹から胸にかけてナイフをいれて開腹する（写真2-1）。さらに尻の先までナイフをつっこんで直腸のぐるりをまわすように切ってから、全身をつかって掻きだすようにすると、まず、「白もの」とよばれる胃、大腸、小腸、直腸が、つぎに、「赤もの」とよばれるレバー、心臓が、肺とともに湯気をたてながら固まりとなって落ちていく。それらは、したを流れるもう一方の検査コンベアにのってはこばれてい

写真2-2　コンベアのシューターロ
（右・内臓、左・頭）

く。

コンベアの脇では、白いヘルメットに白衣姿の獣医の人たちが、流れてくる頭と内臓の一部にナイフで切り目をいれて目視によって精査し、病気等によって食すには不可と判断されたものを取りのぞいていく。合格とされた頭と内臓は、シューターをとおって一階の内臓処理室にある水槽のなかへ落とされる（写真2-2）。

内臓出しのようすをもっとよく見たいと、その場に近寄っていった。と、襟筋につめたい感触。ひろげていたメモ帳に、赤いシミが散る。見あげると、斜めうえを、首を皮一枚でぶらさげた豚が、逆さに吊られてゆらゆら揺れながらおくられていく。

気がついてみると、見学のために用意してもらった白衣が、幾筋もの血痕や、飛び散った汚物でよごれている。インタビューできいていたこんな話が、いよいよ現実味をおびてよみがえってきた。

「(はじめのころ、内臓出しのときに、傷つけて) ウンコばかり出しやがってって、よういわれましたわ。ぼくが一番わかかったから、いいやすかったんでしょうね。だから、出さんように、出さんように、こぅ、丁寧にナイフを、こぅ、入れ方から、なめらかに、最後の薄皮一つのこすんが、一番うまいんです。で、最後、薄皮一枚のこして、最後は手で、かるく手でやったら、(胃や腸が) やぶけんいう方法はありますけど……」

このように、腹をあけるための技術一つをとってみても、長年の努力の積み重ねと最後はセンスがものをいう職人技の世界をわたしたちにかいま見せてくれる。

変わる仕事

ただ、ひとくちに職人技というけれど、社会状況の変化や機械化の進展などによって、職人の仕事内容も当然ながら変化していく。

たとえば、いまから三〇年以上まえの話になるが、屠殺にさいして、いまのような電気ショックがもちいられる以前の倒しの方法を知る人は、そのときのようすをつぎのようにのべていた。

「で、そのまえいうたら、もぅ、電気でないですわね。豚をこぅ、枠のなかに、二～三〇頭いれて、豚がうごかれへん状態につめるんですわ。ほんで、豚は、みな、いっぱいいっぱいで、立ったままうごかれへんのですわ。そこへ屠夫が背中にのって、要するに、頭のこの眉間めがけて、二、三頭は、もぅ、それでばあっと叩いていく。ちょうど、その大ハンマーありますよね、柄のついたハンマーね。よう、仕事でつかう。あのハンマーの先に、このくらいのボルトを、こぅ、ねじこんであるんですわ。それで、ここ（眉間）を叩くんですわ。で、だんだん倒れていきますやろ、あとは、追うていって、要するに、ブーブーいうてるのをうまいこと（叩いて倒す）。でも、豚が少なくなったら、命中率わるうなるでしょ。そのときは、ハンマーの反対側の平たいほうで叩いて、脳震とうをおこさしてから、ボルト側で叩くんですわ。だから、とにかくすごいテクニックですわ」

つまり、はじめの数頭を倒してからは、すき間ができて逃げ回る一〇〇キロを超える豚たちを、追いながら倒していくのである。そのテクニックがどのようなものであったかは、じっさいにその作業に従事した経験をもつ人のつぎのような語りからもうかがうことができる。

「そうですね、この（八畳）ぐらいの部屋のなかに、だいたい二五から三〇ぐらい入れて、ほんで、眉間を、ハンマーの先についているチョッパー、その太さはこないで、これを眉間のところにバスッと刺すわけなんです。も、そいで、一発で倒れるからね。で、一応、叩くのはまず全部叩いてから、のどを突いて血抜きして、あとは湯のなかに入れて、脱毛機にかけて、いう段取りだったんですけどね。やっぱり、（チョッパーの）入りのわるいやつは、痙攣みたいにして、足をすくわれたときも何回もあるけど（笑）。それに（ほかの豚も）やっぱり気配感じて、逃げまわるいうかね（笑）、それは、まぁま、慣れでぅまいこと叩けるようになる（笑）、はい。いやいや、そんなん（一頭ずつ）捕まえとってはできませんね。ま、あるいとるやつを、こぅ構えて、バンバンと、こぅ。だから、右を、右を叩いて左を叩いたら、もぅ、右は、つぎの倒すやつを目で全部見て、バンと叩いて向いたあと、また、こっちやで、こうとか（視野にとらえておく）。だから、一頭ずつ、こんなんして構えっとったんでは（できません）。最初、慣れるまで、スカ食ろぅたりね（笑）。やっぱり、上手になるのは、二、三カ月かかります。一番最初、入った当初に覚えなあかんのは、それを覚えてくれといわれたからね、倒しをね」

このように、倒しの方法においては、その後の電殺への変化によって、ここにのべられているような「テクニック」はもはや不要な技術となってしまった。

そして、食肉センターの移転を契機として、職人の仕事はさらに大きな変化をこうむることになった。その一つは、あらたに皮はぎの工程がくわわったことであり、もう一つは、自動背割り機の導入である。

皮はぎは、基本的に、皮はぎ機（スキンナー）によっておこわれるが、その前処理の段階では手作業を必要とする。あらかじめ両腿から左首にかけてエアナイフをつかって皮をむいておき、そのむいた皮の部分を機械にかませて、豚を回転させながらのこりの部分をむいていく。

ただ、前処理とはいえ、むき方次第では、機械にかけたときに脇腹に過度に力が加わったりして肉質を損ねてしまい、卸業者から苦情がよせられることもあるので、これもなかなか慎重を要する作業である。

とくに、移転直後のころには、それまで湯はぎ一本できた職人たちには、そもそも皮をむいた経験がなかったので、作業に慣れるまでは、通常の六、七倍の時間がかかったという。

このように、機械化への適応としてあらたな仕事内容が付加されたのがこの皮はぎのケースだとすれば、自動背割り機の導入は、反対に、それまで解体職人にとってもっとも技術が必要とされ、腕の見せ所でさえあった背割りの工程を、職人たちの手から切りはなすことになったケースである。

背割りとは、一連の解体工程の最後にくるもので、背骨のところをノコギリで挽いて二つに割って枝肉にするプロセスのことである。かつて移転前には、この背割りは、職人が電動ノコギリで（さらに、それ以前には手挽きによって）おこなっていた。そのころをふりかえって、ある人はこう述べていた。

「ノコギリでも、目立てする人によって、切れるときと、切れんときがあるんでね。普通に、まぁ、切れたら、何秒ぐらいかな、一五秒から二〇秒で、一頭くらいは。見てるのと違うて、あれ、結構、むつかしいんです。ま、いうたら、骨と骨のあいだを、お互いに両方の肉に骨をつけなあかんやろ。この真ん中を切るっちゅうのがむずかしい。はずれると、肉んとこに、柔らかいとこに、みな、い

写真2-3　背割り後

きますから、ずっずぅーと、こぅ、肉にはいりますから。だから、両手の、両腕のバランスやねんけど。バランスと、見た目と、あと、感覚……」

ところが、いまの背割り機では、チンチョウに吊られた豚を機械のなかにただいれてやりさえすれば、機械がじぶんで刃をあてる位置をよみとり自動的に背割りをおこなうので、もはや、職人の「感覚」にたよる必要はまったくなくなった。そして、現在では、背割りの工程を担当しているのは、卸業者の社員である。

「いま、技術いらないですから、あの（卸）業者さんとの話し合いで、一人入れたら、また、賃金、上げなあかんので、その分を、業者さんでまかなってくれへんかぁ、いうことで……」

職人の賃金は、卸業者の払う解体料（豚一頭につき七五〇円）から支払われる。したがって、解体料をそのままにして職人を一人増やせば、職人の賃金が下がるし、賃金の水準を維持しようとすれば、解体料を上げなければならず、その場合には、卸業者の負担がふえてしまう。

そこで、背割り工程は卸業者が担当するという、今日のやり方に落ちついたというわけだ（写真2-3）。

尼崎から西宮へ

このセンターで豚の解体作業に携わっている職人の方々や、豚の内臓を卸している内臓屋さんのなかには、尼崎からかよってきている人がおおい。

豚の解体場の屠夫長さんも、その一人。昭和二三（一九四八）年生まれの屠夫長さんは、三〇歳のころいまの仕事についたきっかけを、つぎのように語っている。

「それまで、まぁ、いろんな仕事を転々としてきたけど、とび職とか、車の修理とか、溶接屋とか、ま、業種はけっこういろんな（笑）。僕が所帯もって住んでるちょうど家のまえの人が、『やってみぃひんか』いうて。向こうからしたら、あっちうろうろしたり、こっちうろうろしてるから（笑）、で、子どももちいさい子おるし、『いつまでも、そんなしてたらあかんのとちゃうか』って、声かけてくれたんちゃうか」

こうしたいきさつをきくと、屠夫長さんもまた、偶然のきっかけから、この解体職人の道にはいってきた人だといえそうである。

そこで興味深いのは、声をかけてくれた向かいの家の人は、食肉センターに仕事で出入りしていたとか、とくにセンターと関係があったわけではない、という点である。では、そうした声かけがまったくの偶然だったかといわれれば、必ずしもそうともいえない。なぜなら、尼崎南部のその地域にも、かつて屠場があったからである。じつはかつて、その尼崎の屠場が閉鎖されたことにより、そこで働いていた一部の職人が西宮の屠場へと移っていったらしい。屠夫長さんは、その点についてこう述べている。

「僕の先輩になる人は、尼崎の浜のほうで、初島いうところがあるんですね、そこ（の屠場）でやってはって、ほんで、西宮のほうに移ってきたとはきいてましたけど。（その屠場は）もうなくなったけどね、はい。僕が、そやね、どれぐらいやろう、小学校四、五年生ぐらいまであったんちゃうかね」

しかも、その初島の屠場は、屠夫長さんの住んでいた所からそう遠くなく、じつは、彼の子ども時代の記憶のなかに、はっきりととどめられていたのだった。

「家から（初島の屠場まで）キロにして、一キロ、ま、二キロはないね、一キロちょっとぐらいかね。小学校のときは、まぁ、家のちかくというのもあったし、そういう殺生いうんか、『やってるで』、いうのきいて、『どんなか、一回見に行こう』とかって、友だちと、ちょこちょこ見にいったことがあるけど。ほんで、小学校のまえに、日通の貨車がつくところがあるんです。むかしは、貨車で豚を積んできて、それから、トラックに乗して、ほんで屠場にはこんでいくようなかたちをとってましたね。だからちょうど学校にいくまでのときに、朝、よう豚ね、貨車からおろしてるの見たことありますわ」

それだけではない。屠夫長さんの家の周囲には、当時、養豚場がひろがっていたという。

「僕がちいさいころは、家のまえの近所で、養豚農家は何軒かありましたね。それ、ほんま、もぅ、目と鼻の先にありました。もぅ、臭いが結構して（笑）、はい」

このように、屠夫長さん自身、子どものころから屠場という存在に、ある程度なじんできていたといえそうである。そして、当時、尼崎と西宮のあいだに、屠場を介したリクルートのネットワークが存在していたことも、想像にかたくない。

だから、向かいの人からの声かけは偶然だったにしろ、彼がこの仕事につくことには、それなりの必然性というか、こころの準備がある程度できていたように思われる。

それでも、屠場での仕事をはじめた当初は、やっぱり抵抗感があったという。

「最初のね、一、二年は、やっぱり、こぅ、『殺生してるな』いうのは、つねにこぅ、なんか、こころのなかに（笑）、なんかつねにあったけど、最近はね、べつに。ま、朝、ただ、そう、清めるいうんですかね、塩をまいて家はでるようにしてますけどね。入った当初みたいなことはないですけど。（当初は）『殺生してんねんな』『殺生してんねんな』って、いつもそういうの、どっかに、はい」

第Ⅱ部　食の世界

第3章　細部を見る目と見わたす目

——食肉卸業者の仕事——

震災の日

一九九五年一月一七日。その日は火曜日で、西宮浜にある食肉センターももちろん操業される予定だったから、たくさんの生きた牛や豚たちがスタンバイしていた。また、前日までに仕上げられた枝肉たちも、まだ冷蔵庫にたくさん眠っていた。おおくの生産者が手塩にかけてそだて、そしておおくのプロたちがかかわってできあがったお肉。もちろん、これらをほったらかしにしておくわけにはいかなかった。

現場に立ち入ることは許可されていない。それでも、どんな悲惨なことになっているか想像もできない状況では、いてもたってもいられない。

牛肉の卸業を営んでいるIさんも、自宅は全壊していたが、ともかく警察の連絡をまっている余裕はなかった。

Ｉ：いまやったら、橋通れるから、もぅ、いま取りにいけーって、みんなねぇ、まだ許可でてないのにいってましたよ。まだ、就業はじめる時間まえで、生きてるやつを、みんなで引きとりにいかなあかんいうて、行ったんちがうかな（笑）。

センターへいくには、ふだんなら西宮大橋を渡らなくてはならなかったが、そこはすでに通行止めとなっていた。そのため、鳴尾浜から側道をつかってはいるルートがつかわれたが、その側道にかかる橋もずれてしまっており、落下した湾岸線の橋梁を横目でみながら、鉄板でふさいだすき間のうえを車がやっとのことでわたるような状態だったという。

そうして、生きた牛と豚たちはその日のうちに救出されたが、枝肉たちを救いだすには数日かかった。ある日、役所から電話がかかってきて、「いまやったら、行ける」といわれたという。警察からの許可はまだでていなかったが、役所は、「いま、来てくれなあかん」とまでいう。Ｉさんたちも、冷蔵庫の様子が気になっていた。電源が切れていれば、冬とはいえ、庫内の温度は徐々にあがっているはずだった（じっさいには、停電用の自家発電装置が作動して最悪の事態はまぬがれた）。

Ｉ：いまやったら、行けるわ。だれも来てへんし、いうて行ったんや。ほんで、運んだなぁ。いま、来てくれーっていうから、もぅ、あわてた。二回行った。四頭分やから、枝肉が八本あった。

＊（聞き手）：それは、ほかの業者の方もやっぱり。

I：行ってたよ、どんどん。もぅ、みすみすおいてたら腐ってしまうからね。冷蔵庫入れんと。もぅ、通れなくなって、トラックが入れなくなったら、だせないですわね。

「笑い話やけど」といいながら、Iさんが語ってくれたこの震災のエピソード。それは、けっしてあかるくないのに、たしかに、どこか心はずむものがある。じっさい、Iさんの奥様は、当時のセンターの様子を振りかえって、「あんな、不安な状態でも、活気がありました」と語っていたが、あのような非常時に、なぜそんなふうに感じられたのだろう。

生きている牛や豚を相手にしながら、食肉を卸すという仕事を生業にしている彼らだからこそ、不安のどん底にあってもなお、家畜たちや枝肉たちにたいする思いがそんな活気を呼びよせていたのかもしれない。

彼らの牛や豚にたいする、そしてまた、生産されたお肉にたいする独特の思い。そこにすこしでも近づくために、これから食肉卸業の世界にはいっていくことにしよう。

牛を卸す

Ｉさんの卸しの仕事は、まず、ながいつき合いのある生産者から牛を買うことからはじまる。生産者のなかには、じぶんの牧場で子牛を産ませる場合もあるが、最近では、買ってきた子牛をそだてることが多い。そだてる期間は、二八カ月から三五、六カ月ほどだ。

生産農家とのネットワークは各地に広がっている。Ｉさんの先代は、かつて尾道で開かれていた家畜市に、月に何度かでかけていっては牛を買いつけていたそうだ。そのころからの顔見知りの愛媛の農家は、いまでもＩさんのところに牛をもってきている。

そうした家畜市でつくられるネットワークは、生産者と卸業者のあいだだけでなく、生産者同士にも存在している。そんな関係ができると、飼料の配合方法や、食べさせ方の情報をおしえあったり、交換しあったりといったうごきがでてくる。ときには、大阪の能勢や丹波の篠山で農場を経営している人たちが、四国までわざわざ教えを請いに出向いたりすることもある。卸業者のＩさんはこれまでに、こんな生産者同士の関係をとりもったりもしてきたそうだ。

そして、生産者から買われた牛は、屠場において屠畜・解体される（割られる）ことになる。

Ｉさんの場合は、牛の解体を、仕事師をしている馴染みの職人さんに委託している。解体料は、このセンターでは一頭四〇〇〇円と決まっており、それはＩさんから直接、職人の方へ支払われる。また、卸業者は、屠場を利用するさいにセンター使用料を支払っている。なお、牛の場合の使用料は、このセンターでは一頭につき四〇〇〇円である。

使用料は、屠場によって負担の額や形態がちがっている。この食肉センターでも、豚の場合は、牛の場合とはちがって、生きた豚を屠場に持ちこむ生産者が使用料を負担している。なお、豚の場合、一頭についての解体料は七五〇円、使用料は一〇〇〇円である。

それでは、仕事師によって解体された枝肉たちは、どのように処理されるのだろうか。Iさんが具体的に説明してくれた。

I：えぇっとね、まぁ、食肉センターなかったら（この仕事は）できませんわね。解体して、むかしは、そのまま骨つきでもっていってたんですけどね。いま、もぅ、捌《さば》いて、骨抜いて、正肉（しょうにく）にしてもっていく、真空パックにしてもっていってますけどね。むかしはもぅ、骨つきのままでもっていって、各小売り屋さんの職人さんが捌いてたんやな。

＊：いま、じゃあ、それを真空パックにするのは、なにかその、いわゆる工場みたいな場所なんですか。

I：そうやね。あのう、ほんとは屠場のなかにあるところが多いんだけど。うちが頼んでるのは、一応、神戸の食肉センター内にある、Kていう捌き屋さんに頼んでるんやけど。

＊：ああ、なるほど。じゃあIさんは、ずっとその神戸のKさんですか。

I：そやね、自宅でもやってたんやけど。はじめのうちは、真空パック。もぅ、ちょっと、手がないんで、もうよそに頼むようになった。

＊：そこでは、職人さんがやっぱり何人か？

I：はい、何人もいて、流れ作業みたいな感じで、捌きして、真空パックにして、で、湯通しを、湯のなかにとおして、袋を縮めて、ほんでまた、冷やす（笑）。あの、なんていうの、湯かけたら、縮むでしょう（笑）。ああいう感じの袋ですわ。特殊な袋やから、湯にとおすと縮まる。

＊：あ、そうなんですか。それは、牛のこと？

I：牛だけです。豚は、真空パックしてもたすよりも、もぅ、早く消費せな。足が速いからね、豚は、そんな真空パックしてる余裕ないからね。牛は、まぁ、それをしてたら、一カ月とか、どうもない。豚は、もぅ、そんなどころじゃなく、はやく消費してしまわないと。

かつてはたいてい、小売店ごとに肉を捌くことのできる職人がいたが、現在ではそういった小売店もほとんどなくなったため、小売店へ持ち込むまえの段階で真空パックにしておく必要がある。そして、Iさんたちはいま、この工程を、外の業者にではなくおなじ組合（西宮食肉事業協同組合）の業者に依頼しているという。

捌くプロたち

それでは、豚の場合はどうなのだろうか。

ここで、ご紹介するのは、祖父の代から豚の卸業を営むTさんである。一日におよそ一〇〇頭の豚を屠畜するTさんの卸しの仕事は、たとえばこんな風だ。

＊：卸しっていうのは、基本的に、豚を農家から？

T：そうですね、ウチらほんまの仲買ですから、直接生きた豚を生産農家のほうから仕入れてきまして、それを食肉センターのほうで処理しまして、それからめいめいの、捌きのほうになりますかね、今度。捌きして、箱詰めして。

＊：そこまでやられてるんですか？

T：うちは、そこまでやってます、はい。ただ、いまはもう産地のほうでカットになってきてますから。その、捌きのカット工場自体が減ってますからねぇ。

＊：というのは、えっと、産地っていうのはぁ。

T：うんあの産地っていうのは、鹿児島とか、そういうところで。どうしても生産基地、そこでもぅ処理して、ケースでもってきたほうが、採算が取れるいうんですか。そういうふうになっとる部分もあるんですけど、どうしてもここで屠畜しないとダメいう部分もあるんでねぇ。

＊：それはどういう部分。

T：うん、それはやっぱり、ここで屠畜して、翌日さばいて、やっぱり鮮度の問題ありますでしょ。

さきにIさんも触れていたように、豚の場合は肉にした場合の鮮度を牛よりもいっそう考慮にいれて捌く必要があるらしい。経費のことを考えれば、生産地、つまり農場の近辺のカット工場ですべての処理をすませて、ケースに入れた状態で小売店へという方法がいいにちがいない。だが、鹿児島から関西へといった輸送のあいだに鮮度がおちてしまうことを考えれば、やはり生産地から生きたまま運びこみ、こちらで屠畜する方法がいいことになる。こうした経費と鮮度とのかねあいから、現在あつかっているのは島根県産と県内（兵庫）産の豚がほとんどだという。もちろん、輸送のときだけでなく、捌くさいにもつねに鮮度を気にかけていなければならない。ポイントは、肉の「中心温度」だという。

T：うちらはその、捌きのほうは朝イチからかかりませんから。（午前中にセンターで屠畜してるので、捌きの仕事は）午後からですから。ちょうど、一度弱ぐらいほど下がりますから。うん。あとはいうと、もうその中心温度が二度以上上げたらもう、うん、どうしようもない。肉に緊張とかそういう原因になりますから。ウチらせやから、冷蔵庫があるからして、二度以下で、製品庫のほうにケース詰めで入れてますけどね、ぅん。大手の場合、そこまで、できないんですよね。もう、豚でもドカッと（笑）まな板の上載せてバァーっと、職人、捌きますでしょ。

豚は大体、体温が四〇度ほどあるが、午前中に屠畜した豚たちを冷蔵庫に入れ、翌日の午後にもなれば、中心温度は一度弱にまで下がる。だが、その肉をまな板の上で捌こうとすれば、当然ながら温度は上がってしまう。ただそれも、二度までが限界だとTさんは言う。そして、二度以下という温度をたもちながら捌きの作業をするには、自前の冷蔵庫をもった作業場が必要になる。

＊：何人ぐらいの人がぁ、そこで捌きの仕事をしてるんですか。
T：えーとね、捌きと、雑用全部で一一、二名ですね。
＊：そういう、職人さんは、プロ（笑）なんですか。
T：うん、そやから職人は職人でね、そういう委託で、職人さんがおるんですわ。
＊：Tさんのところでもう、毎日来てもらう職人さんですよね。
T：うん、そうそうそう、はい。ここ（食肉センター）はここで、おりますし。
＊：それは流れ作業ですか、捌きは。
T：ああ、捌きのほうはもぅ、流れ作業です。
＊：そこで、パックになるようなかたちにまで。

Ｔ：えーっとね、だから部分部分ですね。モモならモモ、ロースならロースいうかたちで梱包してますね。

＊：はぁ、それって、だいたい何種類くらいに分かれるんですか。

Ｔ：えーっとねぇ、分けると、モモでしょう、ほんで、ヒレ、ロース、バラ、ほんで、腕、骨つきカルビ、そんであとネックですね。それと肩ロース。それともう一つ細かくいえば、ちまき、いうて、ちょうど、脚のつけ根のとこに筋肉質の部分があるんですよ。その部分は、べつにおいときますね。

＊：ちまきっていうのは、なんか、特別な利用法があるんですか。

Ｔ：うーん、だいたいミンチ材ですけどね。

この捌きの仕事は、流れ作業でありながら、それをになっているのはやはりプロの職人さんたちだ。これは、Ｔさんにいわせれば、「センスが無いと絶対無理」な仕事だからで、ただ切り分ければいいというのではない。立派な商品として、売り物として通用するのは、「整形」がほどこされたものだけだ。つまり、お肉を切り分けるさいには、肉を一定のかたちに整える技術もまた不可欠なのだ。

＊：整形っていうのはその、形をやっぱり。

Ｔ：うん、整形いうたらそのぅ、脂を八ミリやったら八ミリいうかたちで全部、一定にととのえるんですよね、部位ごとにね。

＊：あー、なるほど。作業行程のなかでは分業で、分業をつきつめていくと結構素人でもね、できるっていう話もね。

T：いやー！

＊：きいたことあるんだけど、やっぱりそういう世界じゃないんですか？（笑）

T：無理です、はい（笑）。せやから、昨日今日来て、できるかいうたらちょっと、むつかしいですね。

このように、やはり一朝一夕で身につく技術ではなさそうだ。わたしたちが普段、容易にパックで手にいれることのできるお肉、あるいは、小売店のショーケースに並んでいるお肉。これらにも、そこかしこに職人さんたちの技がはいりこんでいるということに、わたしは素直におどろいた。

＊：あとは、それぞれのなかでも、やっぱり上中下ぐらいがあるんですか、ロースだったらロースで。

T：うんうん、そうですね。枝の段階で、上中並ありますけど。捌いて整形すると、商品は全部おなじ状態ですから、あとはその、仕入れのときにどうしても、その、脂の部分（のつき具合により）、上中並いうかたちで、値段下がっていきますから。

あまりにもあっさりと語られているが、ここでわたしが再びおどろかされたのは、整形をほどこしたあとのお肉は「全部おなじ状態」になっているという点だ。捌きの技術の必要性についてはすでにのべたが、その捌きのあとに、お肉に「上中並」というランクづけをおこない、そして価格設定を可能にするためには、なるほど、それぞれの商品を合理的に比較する必要がある。そのためにも、一定のおなじ状態にする技術が必要なのだ、ということがわかる。それは、たんに品質をたもつための技術であるのみならず、同時にその先の価格設定という段階においても要請される技術なのだ。

値をつける

ではその豚肉の価格設定は、どのようになされるのだろうか。

お肉をおなじ状態に捌きおえた時点で、上中並にわけられるという。では、そのランク分けは、だれがどのようにおこなうのか。そして、それがお肉の価格とどのように関係しているのか。

引きつづきTさんのおはなしである。

＊：じゃあもぅ、枝の段階で差がついてるということですね。

T：そうです。ぼくらが大体値段つけますから、はい。

＊：うん。それは市場の値段を、一応見ながら？　Tさんの判断？

T：大体あのぅ、値段は新聞相場ですわ。あとは、上中並は僕が判断してつけますけど。どうしてもその、脂のかんどるとか、かんでないのとか、僕らわかりますから。だからロースの芯の太さ細さ、全部わかりますから、はい。

「上中並」のランク分けは、卸業者であるTさんの判断でなされるという。ではその値段をつけるのは？

T：いやもう、ね、大体業界で、これくらいからこれくらいって、ケースもんの場合、指数があるんですよ。ほんで指数が大体なんぼからなんぼいうその辺の、取引の交渉ですね。

＊：ああ、それからその脂の乗り具合というか。

T：せやからあの、脂のつき方で。背脂肪があまりつくと、今度はあの、バラが厚くなったりね、うん。いろいろあるんですよ。

ロースならロース、モモならモモ、それぞれの部位ごとに「上中並」のランクをつける。だが、たとえばロースの上はいくらという価格自体を卸業者がつける、ということはしないわけだ。では、卸し先のメーカーや店舗がつけてしまうのか、といえば、かならずしもそうではない。新聞などから知る業界内の指数を目安にしながら、卸業者と卸し先との交渉がなされ、価格は決定されることになる。

肉を「見る」技術

指数という客観的指標を参考にしながら、交渉によって価格が決定されるというが、その決定のプロセスで重要なポイントはいったいなんなのだろう。つまり、豚肉の価格を決定するために、かれらはどのような部分を「見る」のだろうか。

T：うん、せやから、豚の値段いうたら大体、背脂肪の厚さで値段決まってくるんです。

ポイントは、背脂肪の厚さ、のようだ。しかし、それを「パッとみたらわかる」というのは、単純にすごい、と思う。素人が見たら全部おなじに見える、と言われればその通り。すくなくともわたしには、まったく想像のつかない「目」だ。

ただ、これはすでに枝肉になった段階での話だ。生きている豚だとどうなのだろう。屠畜するまえの、生きている豚を見るだけでも、すべてが「見えてしまう」のだろうか？　Tさんの答えは、至極シンプルだ。

T：ああもう大体すぐわかりますよ、はい。

＊：それは、どうしてそんな風に見分けられるんだろう（笑）。

T：どうして、いうか、やっぱり日々、そのぅ、品物の色とかもあるけど、やっぱりその体型ですね。

＊：体型。

T：うん。そやからもう、豚でも細ーく、背中が立った丸ぅいようなんもう、俗にいう「ガリ」とかね。そやからもう、体型のときモモ張りがエエのは、ケツでもいいーんとなっとるからね（笑）。そのへん、生体見ながら、そういう感じですいうて説明しながらやったらわかりますわ。

＊：あと、枝肉なんかを見るっていうのは、もぅこれはやっぱり、それでも難しいもんでしょうやっぱり。

T：そやね、何年経ってもおなじに見えるいう人もおるから。このちがいがわからんか、っていうても、いやぁ、わからん、て（笑）。

＊：あ、そうですか。

T：ふっふっふ（笑）。そやけど、こんなちがいもわからんかなー、いう感じで。そやから二年三年経ったらこれ、わかるか、いうても、わからんいうて。

なんと、生きた豚のままでも、その体型を見れば、背脂肪の割合や赤身の取れる量までわかってしまうらしい。

だが、それを「なぜ」といわれたら、さすがのＴさんも、答えに困るのではないか。豚の「ケツ」が「いいーんとなっとる」というのは、正直にいってわたしには、わかるようなわからないような感じだが、きっとそうとしか言えないのだろうし、またＴさん自身も、その説明の難しさに、じぶんで笑ってしまってもいる。

もちろん、この見極めの技術は、世のあらゆる技術がそうであるように、経験がものをいう。しかし、おもしろいことに、ある程度の経験をつんでいても、「おなじに見えるいう人」もいるらしい。たんに経験をつめばできるようになる、というものでもないようだ。ここでもやはり、センスが問われるのだろうか。じぶんの「肉を見る」技術に言及するときにＴさんが決まって浮かべていた、あのすこし照れたような、それでいて誇らしそうでもある笑みが、すべてを語っているようにも思われる。

このような「肉を見る」技術に注目することは、卸しという仕事を知るうえでも重要なのだ。ここからは、さらに「肉を見る」技術に注目しつつ、その技術をとおして、より広く卸しの世界を見ていこう。

餌からつながる

これまで見てきたように、卸業者は、商品としての肉の品質を見極めるすべを知っている。したがって、その品質の管理にもおのずと大きくかかわることになる。そのかかわり方は、たんに「見る」

ことだけにとどまらない。生きた豚に与える餌をコントロールするという点では、文字通り「(豚を)作りあげる」という表現こそがふさわしい。

ところで、豚という動物は雑食であるため、基本的になんでも食べる。だから、かつて農家で飼われていた豚は、人間の残飯でそだてられてきた歴史がある。しかし、できあがる豚肉の品質を考慮すれば、残飯でそだてるという方法はけっしてよい方法でないという。じっさい、現在流通している豚肉のおおくは、残飯ではなく、緻密に計算され管理された餌でそだてられている。

残飯をあたえてそだてられた豚といえば、人間のゴミを無駄にしないという意味で、リサイクルやエコロジーという観点からは理想的なものに思われるかもしれない。たしかに、そうした面で見直されているところもあるのだが、商業的には好ましくないとされている。どういうことなのだろう。このあたりから、卸しの仕事の広がりを見ていくことにしよう。

T：一般の流通でいうと、残飯豚はダメなんです。なぜかいうとその、肉の締まり、脂の締まり、それがない豚はだんだん時代の流れとともにダメになってきたんですよね。

＊：へー。じゃあ、やっぱりないんですか、残飯たべてるとこは。

T：うん、そやねぇ、残飯豚、今はそのリサイクルの豚、ちょっと見直されてますけど、じっさいのところは、その、脂の締まり面、肉の締まり面ではちょっと、やっぱりね、あのふつうの計算された飼料やっとる豚よりは悪いんですよね。豚の臭みとか、いいますでしょ。いまは豚の臭みいうたら、ほとんどないんですよ、ほんまは。この飼料をやればその臭みが無くなるとか、あるんですよ。

＊：そうするとそのー、豚の餌が変わってくるのはたんに残飯とかがでなくなったからではないんですねぇ。

Ｔ：ではないんです。それ専門で、やってはるところもあります、たしかにね。せやけど、流通面においては、どうしても（選ぶのは）仲買の卸業者になるからね。ほんなら、そういう業者さんは市場で、じぶんの目で見て、気にいったもんを仕入れますねや。精肉歩留まり云々じゃなしに、その肉の色目とか、締まりとか、そういうので、仕入れるとこはいいんですけどね。歩留まり云々で左右されるとこはやっぱりそういう豚買いません。そういうのじゃなしにもう、一貫生産した、農場で全部もう仕上げた分を、仕入れんと、やっぱりばらつきがありますからね。

いま、豚を残飯でそだてている生産者はあまりない。まずは、時代の流れがそうさせた、といえるだろう。ただし、時代の流れといっても、わたしたちが残飯をリサイクルしなくなったから、というだけではない。むしろ、合理的で一貫した方法でそだてられた豚を、できるかぎり均質な品質で仕入れたい、という卸業者の計算がある。そしてもちろん、さらにその先には、わたしたち消費者の嗜好がある。そうした意味における「時代の流れ」なのだ。

T：むかしは、主流は残飯豚でしたから。そのころは、豚が太ればよかったんです。一番僕らが聞くそのむかしは、いうたらラードが高かったですから。（指で厚さを示しながら）脂肪のこんなのった豚が上やったんですよね。いまとまったく逆ですよね。

＊：あーなるほど、そうかそうか。そのときも、食べるお肉としては、そういう豚は、いまに比べるとそんなにおいしくなかったということなんかな、肉は。

T：うーん、むかしの残飯豚のほうがおいしい言う人もおりますけど。

＊：あ、そうですか（笑）。

T：どうしても、むかしの残飯豚いうもんは、豚の肉の臭みいうのがつよかったと思うんですよ。いまでもパンやった豚はここについた時点でもう、あまーい匂いしますから。

＊：へー、そんなもんなんだ。

T：うん、せやからもぅ、生産の段階でこれはもう、あぁ、パンやっとんないうかたちで僕らわかるからねぇ。

＊：へー。そうすると、電話して、やめてくれっていうんですね、そしたら。

T：いや、せやから、ウチらもうわかっとうからそんいうの入ってきません。よその業者の、ああ、これパン結構やっとんなぁ、いうかたちの豚、わかりますよ、僕らは。もう、匂いが独特やから。うん。ほんで、まるっきしの残飯の分は、また匂い、ちゃいます。

ここでもまた、Ｔさんのおどろくべき「見る」技術が語られている。パンを与えた豚は、なんと、甘い匂いがするというのだ！　この感覚の鋭さは、到底想像できないことだ。豚たちの獣臭さといったものがとくに苦手なわたしには、あの生きた豚たちの匂いを嗅ぎ分けるということがにわかには信じられない。そう言うと、Ｔさんに叱られるだろうか。

Ｔ：豚の場合はね、その魚のアラ、ありますでしょ。あれやると、脂が黄色になるんですよ。せやから、魚のアラとかそういうのんは豚には合わんみたいですね。うん、そういうのんは全部取りのぞいて、むかしからやってますからねぇ。ウチの分では極力もぅ、そういうのはしないようにね。あのぅ、パンでも、いろいろあるでしょ。菓子パンもあれば、食パンもあるでしょ。ほな今度、逆に糖分が多い、菓子パンやるでしょ。ほな、豚の脂がピンクになるんですわ。いっろんなんがあるんですわ、あれ。もうそういうの、パッと見てわからんとね。

餌のちがいによって変わるのは、肉の締まりや匂いだけではない。見た目も変わる。糖分の多い菓子パンを与えるとピンクになるというのは、「きっとそうなんだろうなぁ」という気がして、どこかおかしくもある。

こうしたＴさんの一連の肉を「見る」技術は、餌屋とのつながりをつくりだすことになる。肉の質をよくするには、餌を工夫することが重要だと知っている。そして、どのような餌を与えればどんな肉ができあがってくるか、そのノウハウもある。そうであれば、直接的に餌を専門にあつかう業者と生産者とのあいだにはいって、注文をくわえ、三者で豚をつくりあげていくことが最も合理的であるにちがいない。Tさんは、まさにそれを実践している。

T：せやからそのへんね、餌屋さんと相談しながら、僕は、こうや、ああや、いう要求はつねに連絡いれてしますけど。生産者の人はやっぱりね、あの、捨ておきにすると、物言われへんから、生産者のために、僕はもぅ、餌屋さんと直接話したほうがはやいんで。

＊：餌屋さんから生産者へ餌がとどくんですね。

T：そうです。せやから、ウチがクレームとして、生産者のほうにちょっと脂の締まりが弱いですいうかたちでいうたら、生産者は餌屋さんと今度ね、そのへん打ちあわせしますでしょ。ほんなら、それよりストレートにいう方がはやいですから。当然、ね、信用してもらとんで（＝もらってるんで）、直接、話させてもらうんです。ほんで、もう最終的には結論だすときは、もぅ三者交えて、こういう状況ですけど、いうことで。

現在Tさんが取引している餌屋は一軒に絞られている。そこでは、とうもろこしがメインだが、そこに大麦などの穀物を独自にブレンドし、オリジナルな餌がつくられている。そこには、Tさんの意見も大いに取りいれられているわけだ。

やはり、ここでも、Ｔさんの肉を「見る」技術が生かされている。肉の締まり具合と餌とがどのように関係しているかがわからなければ、意見をのべたり、注文をつけることなどできはしない。そもそも「見る」技術それ自体に信頼がなければ、話をきいてさえもらえないはずだ。

Ｔ：いやもう、それはもう餌屋と緻密にもう、相談しながらせんと、そういうのできませんよ。せやから、豚でここが悪いねんけど、こうしたら改善できんねんけど、いう部分、ウチらの生産農家でもありますよ。それは、一気にじゃなしに、徐々に改善してもらわんとね。せやからもぅ、その辺のアドバイスはしょっちゅう連絡いれますけど。ほんならもう、生産者の方もわかっとんですよ、うん。ここが悪いからこういう豚になる、っていうことがね。

じぶんのことを「なんでもストレートに言うほう」だと語るＴさん。おそらく、ときには意見が衝突したりしたこともあったのかもしれない。けれども、そういうつき合いのなかで作りあげられてきた関係性は、わたしにはどこか素敵なものにも思える。

「豚って、そのぅ、コントロール自由自在なんですよね」といいながら、Ｔさんはいたずらっぽく笑う。わたしたちはそもそも、豚が餌をつうじた緻密なコントロールのもとで育てられていることを知らない。食べているものがちがえば匂いもちがうといったことは、一応わかっているはずなのに、わたしたちが肉の味を云々するとき、牛や豚の産地や銘柄を問題にすることはあっても、餌にまで思いいたることがどれほどあっただろうか。そんなことにまで、ふと、思いをはせさせるTさんの話だった。

鳥の目、虫の目、卸屋の矜持

ここまで卸しの仕事を紹介することをつうじて、その「守備範囲」の広がりを見てきた。この仕事は、牛や豚の生産から消費までを一気に見通す力が必要とされる仕事だ。そして、そのような上空から見下ろし、全体を眺める「鳥のような目」をもつと同時に、具体的に目の前にある肉の状態を緻密に分析し、より納得のいく品質を求めて工夫と交渉を重ねていくといった「虫のような目」をもつことがもとめられる。そのような能力を、じっさいの現場で鍛え抜くことで身につけた人が、この食肉業界を支えている。

Tさんもまた、そんな全体と細部を「見る」力をもった人だ。その語りは力づよく、そこかしこ自信にみちていた。わたしは、ときにおどろき、ときに感心しながら、ひとしきり彼の話に耳を傾けたあと、笑われることを承知でどうしてもきいておきたいことがあった。

＊：あのぅ、どういう餌がいいっていうのを、あのぅ、じぶんでこぅ見極めれるようになったと思った時期とかは。極めた！みたいな時期が、あったら（笑）。

Ｔ：あははは（笑）。いやぁ、それはいまでもまだねぇ、あのぅ、アレやけど、それは、ははは（笑）。じぶんではそう、思てない、うん。せやけどもぅ、品物見たら全部、わかりますからね。

このように、彼は照れながら、じぶんが「今でもまだ」極めたわけではない、と言う。もちろん、それは自信に裏打ちされた謙遜なのだとは思う。いやむしろ、その謙遜した照れ笑いが、自信となってわたしにつたわり、この仕事の深みを感じさせた。

Ｔ：せやから豚は、もぅ、奥深いよ。うん。

一見強面のＴさんはこう言って、すこしいたずらっぽく笑うのだった。

第4章　これぞプロの味！
――内臓屋さんのホルモン講座――

豚トロってどこの肉？

ある日の屠場調査のかえり。阪神西宮駅の飲み屋でメンバーとほっと一息。その日、わたしは、つまみに好物の豚トロをたのんだ。見るからにジューシーな肉が、皿に盛られてはこばれてくる。でも、なさけないことに、いったいこの肉が豚のどこの部位なのか、いまだによくわからない。いや、もしかしたら、なにかの拍子に見たりきいたりしたかもしれないが、その記憶もあいまいである。

さて、今回の屠場調査で、「たべる」ことがテーマとして現実味をおびて浮上したのは、たしか豚の内臓屋さんへのインタビューの最中に、「もしも、バーベキューなんかされるんだったら、豚の頭《かしら》とホルモンを一式もっていって協力しますよ」と、誘っていただいたころからだったと思う。あつかましくも、すでにわたしのなかでは、「職人さんたちの手がける肉って……」と、よだれをおさえきれない。ますます豚トロへの一途な思いはつのる。この「ホルモンパーティー」の時期をまてなくて、たまらずに近所の店にホルモン料理をたべにいったこともある。お店のホルモンもおいしいが、「職人さんが用意してくれるのは、こんなものではないのだろう」と想像をふくらませていた。

そして、季節はめぐり、調査も終盤にさしかかった晩秋に、それは、とある町の会館にある調理実習室を借りきって、「ホルモンパーティー」ならぬ「ホルモン講座」として実現した。まずは、内臓屋さんに、豚の頭の解体をゆっくり時間をかけて実演してもらった。それから、内臓を一つひとつ解説してもらい、さいごにそれらを調理していただいて食したのである。

その日、頭の解体の最中に、「見たことある肉が、さばかれているなぁ」と思いつつ、途中に脂身が見えはじめると、たまらず「おいしそう……」とつぶやいていた。内臓屋さんが、「これ、豚トロですよ」といった瞬間、「ですよね」と興奮する。豚のほほ肉の首にちかい脂ののった部位、それが豚トロの正体だった。

さて、そのお味は？　その模様は、のちほどのおたのしみだ。そのまえに、今回の調査でたいへんお世話になった内臓屋さんたちを紹介しよう。

内臓屋という業界

まずは、牛の内臓屋さんを例に内臓屋の世界をみていこう。「ホルモン」とわたしたちは普段の生活で呼ぶが、この業界では「副産物（副生物）」とよばれている。内臓は、枝肉を扱う食肉卸業者から買いとり、各々の部位にわけてから小売店や加工業者に売ることになる。流通にかんして牛の内臓屋さんはつぎのように説明する。

「うん、業者さんがいてますわ。業者さんが、まぁ、屠畜営業者（＝食肉卸業者）ですからね。その営業者が、何業者かおって、その業者にたいして、内臓屋さんが何軒かあって、それは、もぅ、個人（間）の取引です」

「だから、まあ、屠畜営業者いぅのは、親方ですわ、屠場のなかでは。その親方についてる内臓屋さん、内臓屋さんの下に、骨屋さん、脂屋さんと。だから、そういうランクづけみたいなんが、むかしからあるんですわ。（一頭の）牛の、肉だけじゃなくって、こぅ、全体の権利を、（屠畜営業者が）もっていて、そして、つぎに、その、内臓屋さんが、内臓をうけとる権利を（もっている）……」

といったように、むかしからの親方子方関係のなかで、食肉卸業者と内臓屋とのあいだで個別取引がなされている。さらに骨屋や脂屋となると、内臓屋との関係、親方との関係などいろいろな関係性の下で仕事をしているそうだ。それにしても、なかなか複雑な業界だ。

聞き取りをさせてもらった牛の内臓屋さんは、一日に平均十数頭の内臓を処理している。それを五人の従業員でおこなうという。しかも社長さんは、内臓の洗浄や商品化の作業をするのではなく、牛の皮剥きのほうの作業を手伝っている。これもまた、仕事の分業における独特なややこしさだ（写真4−1）。

では、価格はどういうふうに決まってくるのか。牛の場合は基準があるそうだ。

「ええとねぇ、全国に屠畜場あるでしょ、それの中央市場卸、だいたいそっちで、枝重量のカケルなんぼうという具合に、内臓の単価でてきます。それが基準ですわ」

写真 4−1　胃を裂く（牛）

内臓自体の重さではなく、枝肉に単価をかけて価格がきまる。だから「まぁ、大きい牛には、もぅ、レバーでも、大きいやろうと」いうように、からだの大きい牛は価格も高くなる。これもまた、独特の値段のつけ方だ。

その牛や豚がたべている餌や病気等の関係で、内臓が売り物にならないことがある。獣医さんから一頭でもとめられると、同じ餌をたべていたのこりの三〇頭の内臓も廃棄される。それは消費者のことを考えれば仕方のないことだが、内臓屋さんからすればたいへんな損害だ。廃棄になった場合は、食肉卸業者と内臓屋のどちらかが損害をかぶることになる。それについては、むかしからの慣行をもとに両者のあいだで取りきめがなされている。

さて今回、「ホルモン講座」の講師をつとめていただいたのは、豚の内臓屋さん。仕事は、奥さんと従業員一人の三人体制でおこなわれている。

この内臓屋さんは、奄美大島出身のお父さんからかぞえて二代目。お父さんが、豚の卸業者の先代とむかしから仕事上のつながりがあり、その関係でいまでも二代目同士で取引がつづいている。そして、卸先である内臓加工業者とも先々代からのつきあいがあり、現在も取引があるそうだ。

屠場に出入りする豚の内臓屋さんは全部で四軒あり、各社ごとに豚のどの部位を卸すかの取りきめがなされている。内臓屋さんの仕事場をのぞかせてもらったが、各社の関係者が忙しそうにところ狭しと移動しながら、それぞれの作業をこなしていた。つぎに、その仕事場のようすを紹介しよう。

仕事場の風景

内臓屋の仕事場は、牛（一階）の解体フロアよりもすこし下がったフロアに位置している。牛と豚ごとにそれぞれ別の区画があり、部屋の中はひんやりとしている。ときおり、解体のフロアの機械音や、「フォーンフォーン」というサイレンがきこえてくる。

さて、豚内臓の仕事部屋の中央にはいくつもの水洗い場がパズルのように配置されており、部屋の

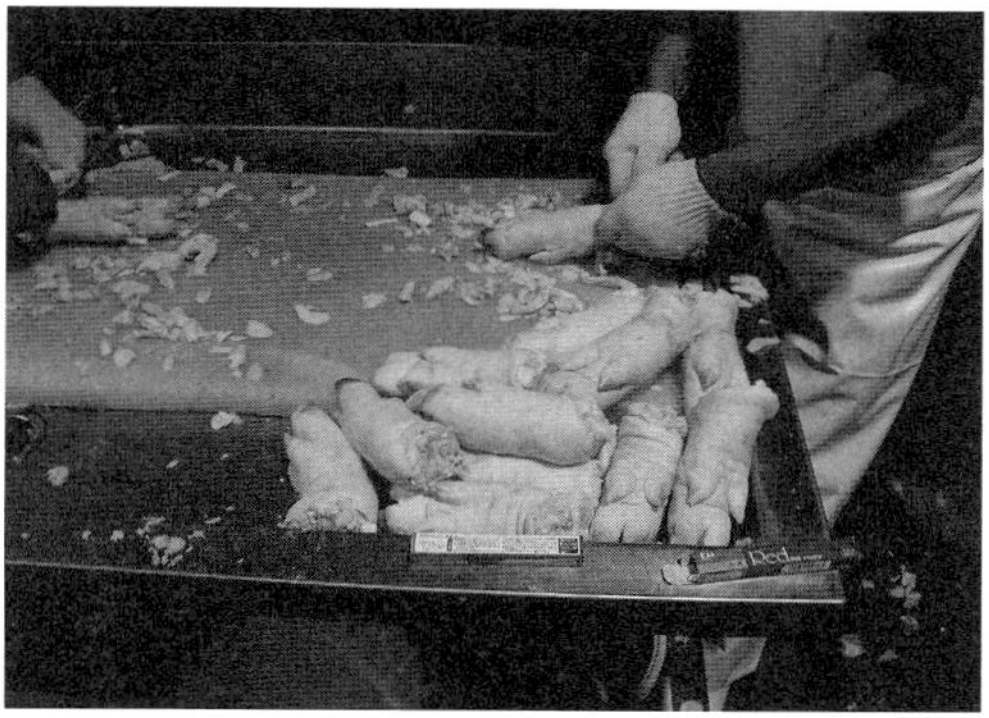

写真４-２　毛を剃る（豚足）

壁に沿うようにまな板がならべられている。つまり、まな板でさばいて背中をむければそこは水洗い場で、パパッと手早く内臓を洗えるわけだ。

入り口左手で、今回お世話になった内臓屋さんが三人で並んで仕事をしている。見学のときは、いつも笑顔で迎えてくれる。ここでは、豚の頭の解体を分業でおこなっている。入り口すぐ右手には、数字の〝2〟の形をした機械がおいてある。これが、皮から豚トロをはずす機械である。その機械をとおりすぎて部屋のおくへとすすみ、つぎに目につくのは、豚足を一心不乱にちいさなカミソリでチャッチャカと毛をそっている職人さんだ（写真４-２）。毛をとった状態の足がカラコンに山積みされている。そこから、ふと左壁のほうを見ると、長いまな板にむかい、職人さんたちが数名、ときおり笑いながら、はやさを競うように仕事をしている。ここではまたべつの内臓屋さんたちが、豚の頭をさばいたり、うえの豚のフロアからおちてくる内臓を部位ごとに切りわけたりしている。内臓がドバッドバッ、ツルンと、二階にある豚の解体場からパイプラインをくぐっておちてくるようすは迫力がある。職人さんたちは、おちてくるのをまな板のまえで待ちかまえている。

おちてきた内臓は、ミノ（胃）や小腸、大腸等の部分ごとに仕分けられる。いらない部分は廃棄されるが、商品になる部位は女性の職人（洗い子）さんが水洗いをしている。

「おちてきた内臓を、レバーとか心臓とかハラミとか肺とか、みな切って（分けられて）、ほんで、わたしのとこにはミノ（胃）だけ流すわけ。ほで、ミノの脂とっておくってきて、わたしが、そこ、処理するわけ。ぐるりの脂とって、こことるでしょう、ほんでそれを刺して、なかのきたないの、たべたもんを出して、（それから胃を）二つに割るわけ。ほんで、それをもっていって（壁際に）まるい洗濯機あったでしょ。あのなかにいれて、洗うの」

聞き取りをさせてもらったこの女性は、べつの内臓屋さん。腸刺し用に加工されたナイフ（ほかの部分を傷つけないように、刃のさきに小さな丸い玉がついている）で刺しながら、胃のなかにたまったものを取りだし、きれいにする。そして、それをドラム缶型の洗浄機にかける。一定の時間がすぎると、いっせいに水と固形物がドシャーという音をたてて機械の側面のふたから溢れだし、そばに立つ女性にふりかかる。「脂水」をあびている、とでもいうべきか。ものすごい迫力の洗濯機だ（写真4－3）。

大腸は、水道で洗って、さきの胃を洗う洗浄機の横におかれている本物の（！）家庭用洗濯機で洗

写真4-3　胃を洗う洗浄機（豚）

うそうだ。小腸の場合は、ちょっと変わった仕組みの機械にかけられる。小腸はほそい管になっているので、洗うといってもたいへんだ。そこで、管をさくようにミシンの針のようなところに小腸をひっかけると、ズズズといってすいこまれ、一気に半分にさかれていく。そして、となりの洗浄機でまた洗われる。そのあと、大腸、小腸は、部屋のおくにある釜で湯がかれることになる。ものすごい湯気で、中身はよく見えない。湯がいたあとは、水につけて一五キロずつ袋につめていく。直腸は、「あれ、水をぱーっと通して、なかのあれを出して、ほんで、口に脂がようけ、ついてるやん、あれをみんなとって、ひっくりがえすの」だそうで、これはそのまま湯がかずに卸している。

さて、その沸騰したボイル槽のとなりには、ガスバーナーが設置された台がある。ここでは、豚足をならべてから、バーナーであぶって毛をとる作業をする（写真4-4）。焼いたあとの豚足はカラコンにふたたびいれられる。すると、職人さんが突如、そのカラコンにはいった豚足を足で踏みはじめた

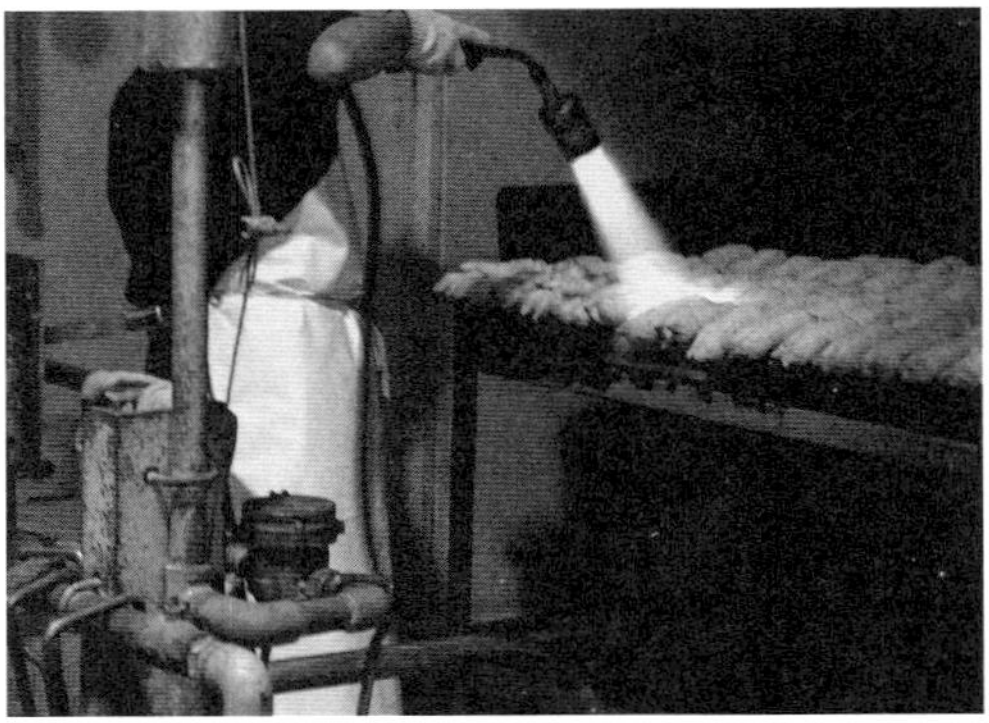

写真 4-4　毛を焼く（豚足）

のである。

「ガスバーナーで（豚足を）焼くやんか。ここ（表面が）、黒くなってるやん。あれを、足で踏んだらきれいにおちるわけ。焼いたら、色、真っ黒うなるやん。あの、黒いのをおとすだけ」

内臓屋さんの仕事場は、このようなところである。じつは、はじめて仕事現場を見学したとき、わたしはスケッチを試みている。しかし、恥ずかしいことに、まったくスケッチが追いつかなかった。しかし、それほどに職人さんたちの仕事は、テキパキとしていてすばやい。

頭の解体工程

「ホルモン講座」の当日、わたしたちが屠場の内臓屋さんのフロアを訪れると、もうすでに、カラコンに「一式」用意してくださっていた。「お面かしら」とまちがえるほど、きれいに洗った豚の顔。そして、さまざまな内臓の部位。わたしは、屠場で、解体工程を実演してもらうものだと思っていたら、なんと会館の調理実習室まで豚の頭をもっていってくれるとのことだった。その日の午後のひとときは、わたしたちにとって、このうえもなく贅沢な時間となった。

屠場から会館の調理場まで移動し、内臓屋さんの到着をまつ。内臓屋さんが、車でやってきて、メンバーが荷物を取りにいく。調理場のまな板のうえに、でんとすえられた豚の頭（写真4-5）。内臓屋さんも、「センター（屠場）やったらなにも感じひんけど、こういうとこやと、なんかへんな感じしますね」という。

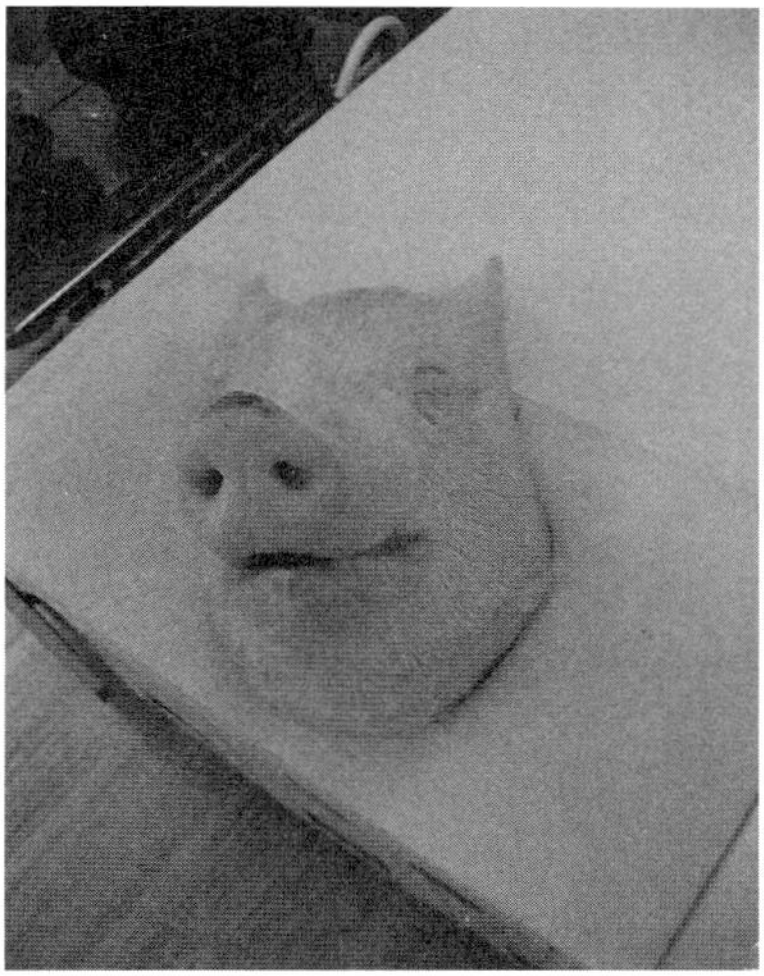

写真 4-5

はじめに、ゆっくりと頭をさばいてもらう。その工程はつぎのようだった。①両耳をとる。包丁は、見るからに切れ味がよさそう。紙を切るかのように、耳がとれていく。②食用にならない左右のリンパをとりのぞく。③顔の下、あごあたりから刃をえぐるようにいれつつ、タン（舌）をとる。タンは根元がうまいそうだ。④鼻を縦にふたつに割るかんじで、さっくりと奥のほうにむかって刃をいれながら、肉をたっぷりつけたまま皮をはいでいく。骨がだんだんあらわになる。なお、ここでとられた部位が、つら皮だ。つぎは、⑤ロース。首のうしろ肩ロースのつなぎ目をとりのぞく。これは、スーパーなどで、見覚えがある。⑥あごの関節あたりをほじくる感じで、力をいれつつ、あごと頭骨にわける。頭骨はスープなどをつくる材料となる。そしてつぎは、⑦トリミング。とり分けた部位ごとに、たべられないスジを引いていく。本来なら、水をかけながら毛をおとしつつ作業をするという。その日は、かぎられた環境なので、布巾などでまな板の毛をふきとっていた。そしてつぎ、⑧豚トロとつらみ。これは、ほほ肉だ。毛のついたつら皮から肉がはがされていく。タプタプとした重圧感があって、見るからにおいしそう。つぎは、⑨タンの骨をとる。のどのなかの、のど仏をとる。そして、⑩ノドの軟骨もとる。これもたべられる。関西ではあまりなじみがないが、切れ目を少し入れて網焼きにしてたべるそうだ。

これらのさばきの作業をゆっくりやってもらったが、それでもはやい。じっさいの仕事を見学させてもらったときは、もちろんもっとはやい。だいたい二、三分もあれば一頭が仕上がるそうだ。一日に捌《さば》くのは、平均一〇〇頭分。だから仕事は、早いときはお昼にはおわってしまう。切断された頭は、すぐに硬直がはじまる。したがって、鮮度が命ゆえに、短時間集中型の作業になる。「そうですね、だからね、もっとはやい人もいてます。そら、二分ぐらいでしあげる。だから僕らも、捌きにかんしては秒単位です。秒単位で、いうたら一時間で何頭いう計算でくみたてするんです」。

そして今日は、さらに内臓ももってきていただいている。内臓は、新鮮なものがよいので、その日の朝にとれたもの。しかし、頭の肉については、いったん冷蔵庫で寝かせて熟成させた肉のほうが、当日捌いたばかりのものよりおいしいということで、わざわざそちらも別にもってきてくださった。まるで料理教室の番組の「そして、できあがったのがこちらです」とばかりに、冷蔵庫で数日おかれた肉が皿にもられていく。

さて、今回はなんと、一七種の部位（たべた順に、豚トロ、つらみ、タン、タンウラ、心臓、レバー、ひ臓、肩ロース、ハラミ、チチカブ／ここまで網焼き。子宮、直腸、胃、小腸、大腸、肺、タン軟骨・タン骨付き／ここまで鉄板焼き）を用意していただいた。

念願の豚トロ、つらみ、タン、心臓、レバー

さあ、いよいよ念願の試食だ。しかし、この日はわたしたちの準備がわるく、オイルや、網、はさみなどの調理器具もなく、出だしからバタバタとしたはじまりとなった。その点、内臓屋さんにはたいへんご迷惑をおかけした。調理教室にあったあらゆる器具を駆使して、なんとか焼けそうな環境をととのえた。そうした慌ただしくも心はずむなか、「なにからいきましょか」ときかれて、やはりまず、豚トロをおねがいした。塩こしょうで味つけをして、焼きはじめる。ジュワーっという音に、すでにわたしたちの頬は、ほころびっぱなし。肉汁と脂がたれはじめ、炎がたちあがる。できあがりを皿にいれてもらう。

メンバーのなかで、まずわたしが最初にいただいた。念願の豚トロは、当然ながら美味しい。が、

居酒屋で出るような〝ジャンク〟な豚トロとちがって、どこか上品な印象をもった。これは、意外だ。メンバーたちもつづく、顔を見合わせると笑みがもれる。わたしは、遠慮なく二つ目に手をつけた。食道を豚トロがとおっていくのがわかる。

さて、ここからはランダムに紹介していこう。つらみは、内つら、外つら、こめかみの三種にわけられる。つらみは、脂身はないが、歯ごたえがある。それから、タン。スライスされたタンはマッシュルームのような形をしている。焼いてたべるとあっさりしておいしい。心臓の味もまたあっさりしていて、歯ごたえは「砂ずり」にちかい。

さばかれるまえの豚レバーは、とても大きい。まな板にのせられるとなかなかの重量感がある。深い赤み、色つやからして、生でもたべれそう。焼いてたべてみると、重量感とは対照的に、すぐにかみきれるほどやわらかい。

たべごたえの肩ロース、ハラミ、胃袋

「ふにゃっとした豚肉とはちがうでしょ」と、ぜいたくに分厚い肩ロースをいただく。たしかにちょっとかたいし、かみごたえはあるが、これもまた豚トロに負けず劣らずおいしい。ハラミは、内臓肉で、横隔膜の部分だ。これはあっさりして第一印象は淡白な感じだ。

まな板にのせられた胃は、意外にもちいさい。それまでの工程で中身をとりだし、洗ってあるから

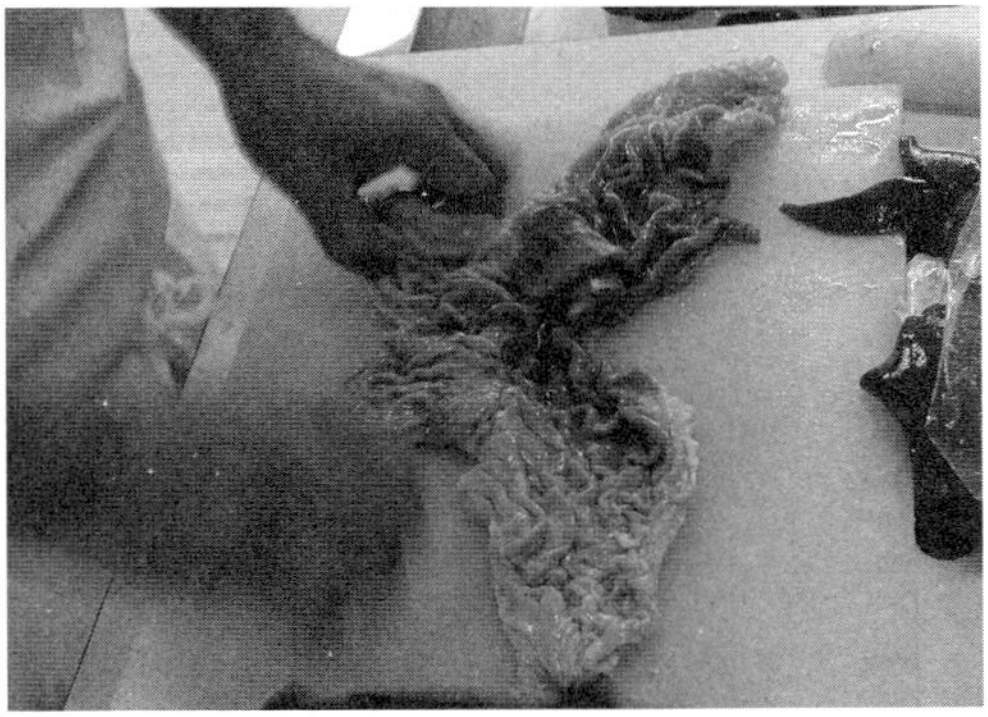

写真 4-6　胃の内側

だ。胃袋の裏側を、「ちょっとグロイでしょ」と見せられた。波状の独特の模様にかたちどられている（写真4-6）。上ミノは手をかければ、牛のミノとまちがえるほどの味をもっているそうで、一頭からとれる量も少ない。食感はコリコリしている。内臓屋さんは、インタビューのときにいっていた。

「胃、あのミノですわね、ミノ関係の、あの、消化器系をたべた人は、ほら、よっぽど、根性ありますて。牛のミノの内側みたら、きたないなぁ思いますもん。ただ、それがある程度パーツにわけて、水洗いして、じぶんでミノでも皮むいて、処理すればそれなりに、見栄えはいいんやけどね。それまでにいうたら、それをたべよかいうて考えたり、そのごの処理の方法を考えた人、偉いですね」

たしかに、タコやイカにしてもそうだが、最初にたべた人は、好奇心旺盛だ。でも、内臓屋さんのいうように、処理の方法、これは、幾重にも試行錯誤や、改良、そして技の伝授が重ねられてきたにちがいない。内臓屋さんも、その流れにいるんだな、ということをたべながら実感させられた部位だった。

生でたべたいタチギモ、のみこめ！ 直腸、肺・小腸・大腸のミックス

「これは、めったに、たべれないですよ」といわれたタチギモは、脾臓のこと。見た目は、ユッケの色によく似ていて、赤くツヤツヤと光っていて、そのまま生でたべたくなる。焼いてたべると、食感は豆腐にそっくりだ。やわらかい。固そうな見た目とのギャップで、変わった食感を楽しめる。

直腸は管になっているので、裂いて、ひらべったくする。内臓屋さんから、「すこしのあいだ、食感を楽しんでから、あとはのみこめ」とアドバイス。しかし、どうしても噛んでしまう。でも、そんなに臭みはない（写真4-7）。

つぎは肺。それに、小腸と大腸をミックスして、フライパンで焼いてもらった。「焼き肉のタレはありませんか」ときかれたが、これまた用意がわるくてもってきていない。味つけは、塩こしょうでおねがいした。ほんらいは、焼き肉のタレで味つけするそうだ。肺は、焼きあがった見た目はこんにゃく。たべても、やっぱり、こんにゃくのようにふわふわしている。腸に焼き肉のタレをつかうのは、やはり臭みをとるためだろうか。

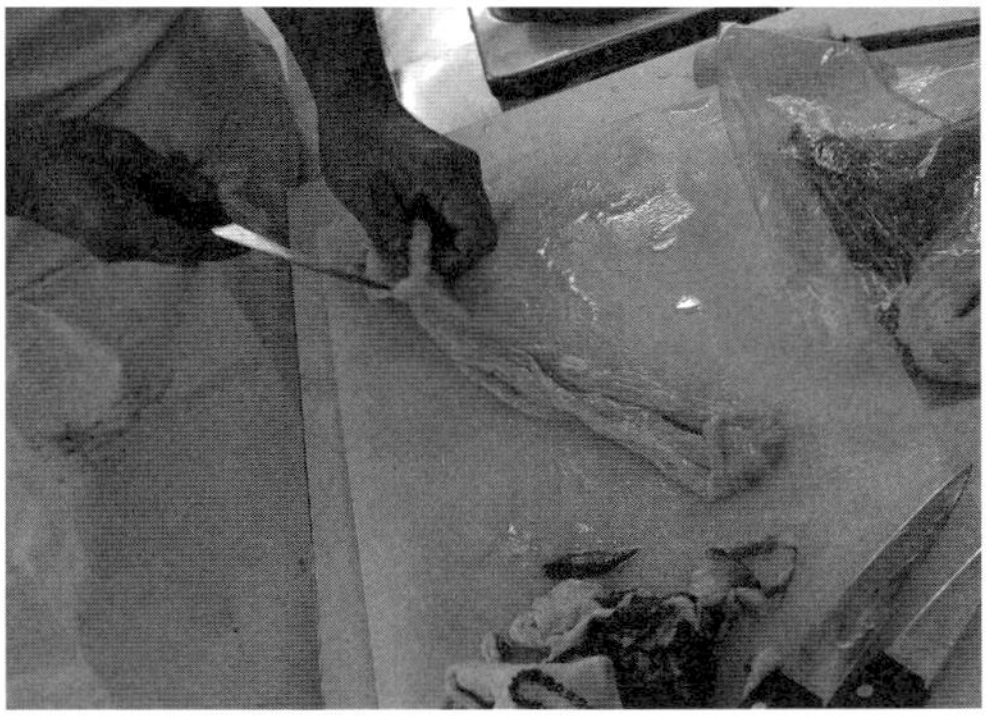

写真 4-7　直腸

「腸は、もうあれですね、内側のよごれのつよい腸なんかは、みな廃棄してます。たべるものですから、やっぱり。その内側粘膜質のとこに、あのよごれ、要するにあの、フンですわね。それが、たべるエサによっては、あらってもおちない。だから、あの内臓の匂い、腸なんかの匂いにくせあるいうのは、やっぱりあの、フンの臭さとか、未消化のエサのすっぱい臭いとか、そういうふうなのを、きれいにどんだけおとせるかにかかるんですね、水洗いもふくめて」

仕事場では、念入りに何工程にもわけて洗われていた部位だ。さて、たべるとどんな感じか。小腸は色が白く、脂がついている。食感はぶあついゴムをたべる感じだ。大腸は、小腸よりもとれる量が少ないそうだ。こちらも、食感は小腸と似ているが、すこし薄め。たしかに、大腸、小腸は、素材のままたべればクセがある。内臓屋さんの水洗いや調理へのこだわりは、徹底している。

「だからじぶんで食べるもんにかんしては、牛の内臓なんかは、食肉センターで内輪からわけてもらうんですわ。うちの、知り合いからね。セットでちょうだいとかいうて、わけてもうて、じぶんであらって、じぶんで処理する」

「やっぱり後処理の方法をいうたら、水洗いも、どんだけしてるんかわからん。だから、じぶんでやるんが間違いないしおいしいもんやな、いうのがありますから」

変化球の子ブクロ、はじめてのチチカブ、オリジナルのタン骨とタンウラ

さて、今回、もっとも印象にのこった部位たちを紹介しよう。

子ブクロとは、子宮である。そんなところもたべられるのかと思いつつ、焼いてみるとイカのようにまるまっていく。食感はわずかに歯ごたえはあるが、思っていたよりもやわらかい。ポン酢でたべてみたが、刺身でいうとホタテのようで、独特な食感が楽しめ、味もうまい（写真4-8）。

つぎに、チチカブ。これはおっぱいだ。きれいな艶をもった、白っぽい肌色。じつは、内臓屋さんも、この部位だけはたべたことがないという。全員、生まれてはじめての経験！「乳のにおいがする」「味つけはなにがいい」「砂糖かな」「いやぁ……」といった調子で、いやがうえにもテンションがあがる。内臓屋さんが、焼きあがったチチカブを皿にもってくれる。さあ、だれが最初にたべるか。もちろん、内臓屋さんだ。当初、こちらからチチカブの話をだしたときに、「あれは、ゲテモノですよ」と

写真4-8　コブクロ（子宮）

引き気味だった内臓屋さん。神妙なおももちで一口たべたあと、目を見開いて、「うん、わりといけますね」と一言。私たちもたべてみたが、どこかで食べた味。サクサクとした触感でやわらかく、そこはかとなくバニラの香りがただよってくる……。

タン骨は、内臓屋さんお勧めのオリジナルの一品だ。タンのつけ根の骨のあるところで、たとえれば鶏の手羽先といったところか。でも、慣れない骨の形なので、どこに肉がついているのかわかりにくい。たしかめるようにして噛みつきながら、肉の部分をかじっていく。酒のあてにはもってこいだろう。

そして今回、最高においしかったのは、なんと豚トロではなかった。内臓屋さんに「どれが一番おいしかったですか」ときかれ、わたしはメモをとったノートを見返すまでもなく、即答した。それはタンウラである。これは豚トロとアカミが合体した部位である。つまり、双方の部位がすこしずつ重なった境界部に、タンウラが存在する。もちろん、とれる量はごくわずか。焼いてもらって、できあがりをみるかぎり、高級なミニステーキとでもいうべきか。豚トロよりもさらにジューシーな見た目。メンバー同士、リズムを合わせて、「いただきます」とたべた瞬間、驚愕のうまさに声をあげた。これもまた内臓屋さんのオリジナル作品、ここでしかたべられないという。なんて、幸せ！

豚でたべれんとこない

さて、大満足の「ホルモン講座」もおわって、あと片づけをしていたが、それにしても、各部位、一、二枚ずつでも、これだけ一七種もたべさせてもらうと、さすがにお腹はいっぱいだ。内臓屋さんも「豚でたべれんとこないですよ」といっていたが、ほんとうに多彩な豚の内臓フルコースだった。

用意してもらった豚は、一頭だったが、まだまだ肉はあまっている。もったいないので、半透明のビニール袋にいれてもらい、おみやげにしてもらった。むかし、ある内臓屋さんが河原に廃棄した豚の内臓が人間のものと間違われて警察沙汰になったという笑い話があるそうだが、半透明のビニール袋に大量のホルモンを入れて、町中をあるくじぶんの姿は相当迫力があっただろう。

昼間、たらふくいただいたにもかかわらず、家にかえって、早速わたしは、夜にもう一度、焼いて食べてみることにした。家族のなかで、今度はわたしが講師に即日昇格だ。しかし、ビニール袋にいっしょくたにされた肉たちは、どこの部位か判別するのは相当にむつかしい。さすがに豚トロやタンウラはわかりはじめたが、内臓は難しい。それでも、脾臓、子宮、レバーなど頑張って九種は、じぶんなりに見分けがついた。しかし、あとはわからない。

昼間の見よう見まねで塩こしょうをし、いわれたとおり、ちびちびと網で焼いてみた。そして、昼間にとったノートをみて復習しながら解説した。美味しいのは美味しいが、やはり内臓については、悔しいかな、どうも昼に内臓屋さんが焼いてくれたようにはうまくいかない。たとえば、脾臓は、昼間見たような色に焼きあがっているのか、そもそもどれくらい焼けばいいのか、わからない。自信なく、なんども箸にとっては鉄板に戻す行為を繰りかえす。しかしながら、タンウラについてはやはり素人のわたしが焼いても、まちがいなくタンウラであった。当然、家族も、別格の味に衝撃をうけていた。コブクロの食感も、はじめてたべるわたしたちにはとっても新鮮だ。昼・夜とたべて、さすがにわたしの胃袋は限界にちかづいていた。

しかし、おどろくべきことに、まだまだ肉はのこっている。一頭からとれる肉の量はすごい。今度は、夜中に煮込むことにした。まず、水で洗って、そのつぎに湯をかける。それを鍋にいれて、酒と水、にんにくと生姜をいれて、肉がやわらかくなるまで煮込む。一晩寝かして、こんにゃくをくわえ、砂糖としょう油で味つけする。

そしてつぎの日に親友をよんで鍋をして、仕上げに、これもまた内臓屋さんにいわれたとおり、煮込んだホルモンにうどんをいれてたべてみた（写真4-9）。激辛七味とネギをいれしょう油をかけてたべると、これがまた格別にうまい。焼いたときにはゴムのようだった大腸小腸も、いい感じでやわら

写真 4-9　ホルモンの煮込みうどん

かくなる。心底あたたまる。親友も、満足げにかえっていった。

肉にかぎらず、たべ物の味はそれぞれに好みがある。本来の味をわたしのつたない描写でどこまでつたえられたのか、正直いって心もとない。しかし、今回の「ホルモン講座」でおしえられたことは、内臓の部位は多様で、しかも職人さんの包丁のあて方しだいで、オリジナルな部位がつくられたり、味も微妙に変わるという、食肉のとても意外で奥深い一面である。そしてさらに、それを料理する人によって、当然ながら味がまったくちがってくる。この食にかんする極意のようなものを、あらためて実感させられた。

インタビューのさいに、メンバーが、「わたしたちは、牛や豚がスーパーの肉になるまでの、そのあいだのプロセスをほとんど知らないので……」と、今回の調査の趣旨をつたえると、内臓屋さんはこういった。

「たしかにね、そのまちがった情報っていうかね、やっぱりマスコミもいうたら、そこまで立ちいらへんでしょ、踏みこまないでしょ。焼き肉屋さん、ホルモン焼きさんとか（でとまってしまって）。だから、それをもうちょっと、プロフェッショナルな部分の、いうたら、内臓屋さんの情報もあっていいんちがうんかな。ちょっとちがうぞというの、やまほどあるんですよ。そやから、ちょっとずつこういう情報がでてくればね、逆におもしろいなと」

最近、ホルモンは一種のブームになってきたが、わたしにとっては、まだまだ未知の世界だった。個々の部位にしても、味にしても、そして内臓屋さんたちの仕事の世界にしても……。

たしかに、たくさんのおいしいホルモンをたべることができたし、いろんな部位を知ることもできた。しかし、それだけではなく、今回、わたしたちは、内臓屋さんの仕事をはじめて知った。職人の仕事を経てきた食材を知ることで、もっといえば、内臓屋さんのいう「プロフェッショナルな部分」に触れることで、わたしにとって世界がちがって見えるようになった。そしてわたしの食は、たしかに一歩、幸せにちかづいた。

第Ⅲ部　状況のなかの屠場

第5章　存亡の危機に立つ食肉センター

調査説明会の日

二〇〇五年四月二〇日。いまから二年半前にあたるその日、わたしたち研究班メンバーは、食肉センター会議室において、これから開始する「食肉センター調査」のための説明会をおこなった。会場にあつまったのは、食肉卸業者（西宮食肉事業協同組合のメンバー）の方々と、牛や豚の解体作業に従事する屠夫（解体職人）の方々、それからセンター職員の方など、総勢十数人ほど。

わたしたちの研究班からは、五名みなが出席した。

説明会に先立ち、わたしたちは「聞き取り調査の計画書」を食肉センターと食肉事業協同組合に提出しており、その内容はすでに掲示等のかたちで関係者につたえられていた。

「調査計画書」は、「調査の目的」「調査の内容と方法」「調査の推進母体および進め方と調査結果

（研究成果）の公表について」「研究代表者の略歴および業績」の四項目からなり、A4版で三頁ほど。ご参考までに、「調査の目的」の項目を引用しておこう。

「明治以来、わが国の食肉生産を担ってきた屠場は、偏見や差別の存在のために、今なお分厚いヴェールでおおわれた状況にあるといわざるをえません。しかし近年、『ドキュメント　屠場』（鎌田慧著、岩波新書）、『食肉・皮革・太鼓の授業』（三宅都子著、解放出版社）などによって、徐々に、屠場の仕事やそこで働く人びとの姿が伝えられるようになってきました。今回の調査では、こうした動向を引き継ぎながら、調査者である私たち自身が学業をおこなったり、教鞭をとったりしている地元である西宮市の食肉センターを対象にしたいと考えています。その理由は、第一に、私たちの多くがここ西宮を生活の拠点にしているにもかかわらず、この地に根をおろし歴史を重ねてきた屠場について、ほとんどなにも知らずにいるからであり、第二には、過去に滋賀県で行った調査から屠場が地元の近江文化ときわめて密接な関係にあることに気づかされたことにより、是非とも阪神文化圏、さらには西宮文化圏における独特な屠場文化の存在を明らかにしたいと思うからです。以上、この調査の意義を一言でまとめるなら、すぐれて西宮的な屠場文化の特色を、そこで働いている方々の姿ともども描き出し、それを多くの人に伝えていくことにあるといえます」。

当日の説明会では、まず最初に、研究代表者のほうから一五分ほど、調査の意図や目的、方法について説明をし、さらにインタビューや仕事場の見学にかんする調査への協力依頼をおこなった。それからつぎに、研究班のメンバーが一人ずつ立って自己紹介をし、自身の研究テーマの内容や、この調査に参加した動機や関心がどのようなものであるかについて順番に語っていった。

会場には、ロの字型にくまれたテーブルがあり、その半分にわたしたち研究班のメンバーが、あとの半分には、食肉卸業者やセンター職員が、むきあう形ですわっていた。部屋の後方におかれた七、八脚ほどの折りたたみ椅子には、仕事をおえてTシャツに着替えた職人の人たちがすわり、腕組みをしながらじっとこちらを見つめている……。

そのとき会場にはりつめていた、なんとも形容しがたいピリピリした独特の空気。その雰囲気を、文字にして読者のみなさんにつたえるのはむずかしい。

その理由として、まずは、屠場ではたらく人びとにとって、屠場やじぶんたち自身が調査の対象とされることにたいする危惧の念が、今日でもぬぐいさりがたく存在している点があげられよう。

以前、滋賀県の屠場でのことだが、断りなく作業場のそとからカメラをむけた見学者にたいして、屠夫長さんが激怒して鉄の扉をしめる場面に出会ったことがある。のちに、その屠夫長さんにわけをたずねてみたところ、現場ではたらいている若者の顔が写されて公にされてしまったら、その子の結婚等に差しさわりがでるから、という回答だった。

じっさい、わたしたちがこの食肉センターで写真撮影をゆるされたのは、調査開始後二年を経過してからのこと。それでも撮影中には、「顔を撮ったらあかんぞ！」という大声が周囲からとんできた。

また、解体作業の見学についても、すでに前の章でみてきたように、時間をかけて職人の方々のすべての意向を十分に確認してからでないと最終的な許可がおりないのが実状である。

このように、外部から調査にはいる者への警戒の念が、そうした緊張した雰囲気をうむ一つの要因だったろう。

しかしながら、職人の方のみならず、食肉卸業者の方たちからもわたしたちの自己紹介や説明にむけられていた固い表情の裏には、じつは、この食肉センターに存亡の危機をもたらしたある出来事にたいする深い懸念や反発があったのだった。

検討委員会と「提言書」の波紋

話は、さらに一年前へとさかのぼる。

二〇〇四年三月、西宮市環境局に設置された一委員会から提出された「提言書」が、食肉センター関係者のあいだに大きな波紋をなげかけていた。

その提言書は、「西宮市食肉センター検討委員会提言書」という。

じつは、さらにその数年前から、市議会においては、市の食肉センター特別会計決算額（五億数千万円）にしめる一般会計からの多額の繰入金（四億数千万円）が問題になっていた。市当局は、これをうけて、食肉センターの経営状況を分析するとともに、存廃をふくめた今後の方向性を定めるため、第三者による食肉センター検討委員会を設置した。

二〇〇三年六月に七名の有識者を委員にむかえて発足した当委員会は、八回にわたる審議をへて件の「提言書」を作成した。その結論部を要約すれば、以下のようになる（なお、「提言書」の全文は、西宮市食肉センターのホームページで閲覧することができる）。

(1)　センターでの食肉処理事業が、阪神間の広域事業であることや、国や県の施策（食肉処理施設の統廃合による広域的な再編整備と大規模化の推進）との整合性を考えあわせれば、兵庫県への事業主体移管が最善である。
(2)　上記の実現のために努力するべきであるが、それができない場合は、施設建設費の起債償還が終了する二〇〇七年度を目途に、施設を民営主体に譲渡（土地は貸与）し、完全民営化をめざす。
(3)　二〇〇七年度末時点で、(1)(2)が実現できない場合は、施設を閉鎖せざるをえない。

ここには、食肉センターの将来像について、具体的な期限まで画したきわめて明確なシナリオがえがきだされている。すなわち、(1)経営形態の市営から県営への移行、それが困難な場合は、(2)完全民営化への移行、それも無理であれば、(3)閉鎖、という三つの選択肢がそれである。

提言書にのべられている経営主体の移管や変更自体、卸業者や解体職人にとって、きわめて重大な関心事にはちがいない。しかし、そうした認識だけでは、まだまだこの提言が関係者にもたらした衝撃の深さを十分には説明できない。

その前提としてわたしたちは、つぎの二つの情報をおさえておく必要がある。

第一に、これまで西宮市は、同様に食肉センターをかかえる県内の他の市町（姫路市、洲本市、加古川市、和田山町等々）とで構成する「兵庫県食肉センター設置市町連絡協議会」をつうじて、毎年、県にたいして各センターの赤字経営への対処を訴える「要望書」を提出してきた。その要望書には、センターの需要を拡大するための県による施策の展開や、衛生面での施設整備のための県費助成とならんで、立地の検討やセンターの再編整備の必要性ももりこまれていた。

しかしながら、県下に七カ所の公営屠場をかかえる兵庫県は、地元の業者からの反発を恐れて統廃合については消極的であり、市町のほうからなんらかの統合のうごきがでるのをまっている状況にあった。したがって、こうした現状では、県が一市からの単独の申し出をうけて、事業主体の移管に応ずる可能性はきわめてひくい。

第二は、全国に一〇〇あまりある公営屠場のおおくが毎年いずれも多額の赤字を計上しているという事実である。この点について、こころみに、一般会計からの繰入金額（赤字の補填額）について、二〇〇一年度の数値をもとに、西宮市食肉センターと同規模の他市の食肉センターとを比較してみよう。そうすると、西宮市の三億八〇〇〇万円にたいして、たとえば、神戸市は八億五〇〇〇万円、京都市は七億三〇〇〇万円、鹿児島市は五億二〇〇〇万円、北九州市は四億四〇〇〇万円等々となっている。ここからは、西宮市の食肉センターの赤字額がほかとくらべてけっして突出したものではないことがわかるだろう。

こうした赤字経営の背景をさぐっていくと、まずは、戦後のはやい時期から、安全な食肉を供給するうえで施設や設備にかんする衛生面での一層の整備や改善がもとめられるようになり、センターの改築や機械化にたいして多額の出資が要請されたことがあげられる（たとえば西宮市は、現食肉センターの新築移転事業にたいして二〇億円を起債により出資しており、二〇〇七年度まで毎年二億円を償還している）。

そしてつぎに、そうした設備の近代化にともない、センター内諸施設（ボイラー、屠畜関連機械、汚水処理施設等）の運転管理業務や清掃等にたいする外部への業務委託費が、光熱水費等とならんでセンター運営経費を圧迫している点を指摘できる（二〇〇二年度の西宮市食肉センターにおける業務委託費と光熱水費は、それぞれ一億円、つまり合計二億円ほど。なお、センター施設使用料による収入の方は、同年では約一億三〇〇〇万円であった。ちなみに使用料は、一頭を解体するのに牛は四〇〇〇円、豚は一〇〇〇円である）。

さらに、センター周辺の住宅地化に起因する環境対策や、病原性大腸菌O-157の集団感染事件やBSE（牛海綿状脳症）問題の発生にともなう衛生施設の整備といった、当初は想定していなかったあらたな出費をしいられている現実がある。

したがって、このような構造的赤字を慢性的にかかえる食肉センターにとっては、完全民営化の必要条件である収支均衡による経営の安定を実現させることは、短期的にはもとより長期的にも非常にむつかしい。

さて、以上の二点にわたる情報をもとに提言書の内容を見直すことにより、はじめてわたしたちは、この提言書が食肉センター関係者にもたらした衝撃や波紋がいかに大きなものであったかを理解することができるだろう。

つまり、提言書のいう県営への移行と完全民営化とがいずれも現状では困難だとすれば、のこされた可能性としてはセンターの閉鎖しかないからである。

食肉事業協同組合の見解／移転の経緯

こうした西宮市のすすめ方にたいして、食肉事業協同組合の側ははげしく反発した。調査説明会の後日にわたしたちがおこなった聞き取り調査で、組合の理事長さんは、「経営をしているのは西宮市やから、経営がしんどいいうことがわかった時点で、もっとはやく卸業者や他の関連業者に説明して協力を求めるべきだったんちがいます？　こんな状態になるまでに……」と首をかしげながら、赤字について市と組合のあいだにある認識の相違をつぎのようにのべていた。

「役所は、（食肉センターの赤字について）議会に答弁するときに、建物の起債分の毎年二億円と、（センターの市職員の）人件費（六〇〇〇万円）をともにふくめて赤字といってるんですよ。（肝心なのは、それらをのぞいた）実質の赤字はいくらになるのか、いうことですわ。（それで）今回からは（市も）人件費と建物代をのぞいて（業務委託費や光熱水費からなる運営経費のみの実質的な）赤字を算出している。それで来年度は、まぁ、六八〇〇万ぐらいの赤字でとまるかな。でも、もともと、あそこ（現食肉センター）できてから、三年間で収支均衡になる予定だったんですよ、役所の試算では。（屠畜）頭数は、一年目、二年目、三年目は、はるかに（役所試算の）目標頭数を超えていた。それでも収支均衡にならなかった。それは、役所の試算がおかしい。それだけ（処理能力の一〇〇パーセントちかくまで業者が努力して頭数を）ふやしていても、これだけの赤字になるんなら、もぅこちらにできるのは、処理能力をおとさんようにして、水とか電気を無駄にしないようにすることぐらいですわ。あとは、役所が、業務委託費をどれだけ縮められるかですね」

このように組合側からすれば、食肉センターの経営責任は市側にこそある、ということになる。ただし、食肉センターの経営状況が市議会において問題化される背景をたどっていくと、そこに見いだされるのは、かならずしも経済的な理由ばかりではなかったのも事実である。

たとえば、提言書にも、「この繰入金が、と畜解体業者10社、なかんずく大動物（牛）は2社で97%、小動物（豚）は3社で9割余りの解体頭数実績であることから、特定の業者に補助金を交付していることと同様であるとの指摘が市議会でなされている」とあるように、この件にかんするもう一つの論点は、食肉センターの公益性をめぐる議論であった。それは、提言書の表現によるならば、そもそも食肉センターは「赤字であっても（市があえて）提供しつづけなければならない施設であるかどうか」という問題である。

たしかに提言書がのべるように、同様な赤字をだしている市の下水道事業と比較してみたとき、直接死活にかかわるかどうかという判断基準からすれば、食肉センター事業の公益性はひくいといわざるをえない。

だが、私たちがここで銘記しておかなければならないのは、明治末年以来、日本政府（旧厚生省）が推しすすめてきた屠場の公営化政策自体が、今日の公営屠場がかかえる赤字問題の淵源をなしているという点である。じじつ、民間による屠場開設が可能になったのは、一九五四年制定のと畜場法以降のことにすぎない。

もしも一般論として、「屠場は、赤字を押してまで自治体が提供しつづけなければならない施設ではない」と結論づけるなら、東京の芝浦屠場や大阪の南港屠場をはじめとする大半の公営屠場は閉鎖を余儀なくされるだろう。

そして、西宮市における今回の赤字問題にしても、直接的なきっかけとされる二〇年前の西宮浜へのセンター移転は、どうも行政のほうからのつよい働きかけがあって実施されたようなのである。その点について、理事長さんはこうのべている。

「地域改善対策特別措置法による事業の一環なんかな、もぅ、最後の年（一九八六年度）で。だから、はやく（申請を）してしまわないと、ていうことだったみたい。その時分は、わたしの親父が組合長やから、そのときに、役所へいって。ま、一応、こっちから要望した形にして、国へ補助金を申請してもらったけど。（そもそもの）話は、役所からですわ。いうたら、役所の方が『どうする？』ともちかけた感じで……。ま、組合員のなかには、こっち（旧屠場のあった芦原町）でいいとちがうのとか、向こう（西宮浜）いったら、使用料があがるし、交通面でも不便になるとか、いろいろな面でこっち（芦原町）のほうが便利やっていう人が何人かいたんだけど……。でも、もぅ時間がないし、ということで、あっち（西宮浜）へ行かざるをえない形になった。（役所に）請われていったのに……。いまごろになって、こういうこと（赤字問題を）いってきてっていう感じですね」

たしかに、センターの利用者が特定業者に偏っている点は問題である。しかしその原因の一つが、センターの移転にともなう利便性の低下にあったことも否定できない。じっさい、移転直後の一九八八年度には二二社（大動物一二社、小動物一〇社）が利用していたが、一九九三年には一六社（大動物八社、小動物八社）、一九九八年度には一一社（大動物五社、小動物六社）へと、移転後の一〇年で利用業者数は半減している。

そして、理事長さんにうかがったなかでさらに興味深かったのは、前理事長からきいたというう旧屠場の跡地をめぐるつぎのような話である。

「（前理事長によると）あそこの土地（旧屠場跡地）を売れば、いまの屠場の建設費ぐらいはでるんやでっていう感じやったから、ま、ぼくらにしたら、大きい顔で（堂々と遠慮せずに）いけるかなと思ってたんです。もともと、あれ、村（武庫郡芝村）の土地だったと思うし。それを（一九一七（大正六）年に芝村村営として開設された屠場が、一九三三（昭和八）年の芝村の西宮市への合併のさいに）市営にしてもらうときに、施設を全部、寄付したんと思う。ほんというと、そこ（旧屠場の跡地）を、移転のときに売ってくれてたら、こっちの赤字問題はもぅチャラになってるよって」

「チャラになる」とまでは言えないまでも、組合側の要請をうけて検討委員会で試算したところ、もしも、旧屠場の跡地を売却できていたら、食肉センター建設の総事業費（三〇億円）の四割、すなわち一二億円程度がまかなえたはずだという。それに地域改善事業として国から交付される補助金数億円をくわえれば、市が起債すべき額は、半額の一〇億円程度ですんだことになる。とすると、現在もつづいている毎年二億円の償還額も、半額ちかくに抑えられることになり、現在、食肉センターがかかえている運営費の赤字をある程度補填できる計算になる。

ところが、現実には、屠場跡地は、いまもほぼそのままの形でのこっているのである。なぜだろうか？　それは端的にいえば、かつて屠場がたっていた土地を購入したり、利用することへの忌避感が、いまだに今日の社会意識のなかに根強くのこっているからである。

ここで不思議なのは、この屠場跡地の未売却問題が、組合からの要請があるまでは、検討委員会はもとより市議会においてもほとんど議論された形跡がないことである。阪神・淡路大震災以来、財政難にあえぐ西宮市において、この問題がながきにわたって放置されてきたのはなんとも奇妙なことではなかろうか。

検討委員会がまとめた結論のうけとめ方にかんする市側と組合側とのあいだにある溝の深さ。それは、このような事実からもよみとれるし、それ以外にも、たとえば市や提言書がもちいる「と畜解体業者」という表現をめぐっても大きな認識のズレが見受けられる。検討委員会を傍聴したある人が、「(委員会で) わたしらのことも、解体業者っていう言い方されたから、すいません、卸業者ですって、わたし言うたんですわ」とのべているように、食肉事業協同組合の構成員のうち、じっさいのところ屠畜解体業者と呼べそうなのは一社だけであり、ほかの九社は食肉卸業者なのである(ただし、その一社も、みずからの営業内容を食肉卸業としている)。ここにもまた、食肉業にたいする市側の認識不足が透けて見える。

だが、問題はそれだけではない。現代社会においては屠場の存在そのものが、いわゆる「迷惑施設」とみなされてきた現実がある。そして、そのこともまた、センターの赤字問題と無関係ではなかった。

「屋根」と環境問題

わたしたちのインタビューにたいして、理事長さんは、さらにこうつづけたのだった。

「それに、地震のあとね、(センターのとなりに道路をはさんで震災の復興) 住宅ができてから、鳴き声がうるさいとか、臭気がすると、センターに苦情がくるようになった。その（環境対策の）ために、西宮浜の産業団地にいったのに。産業団地に住宅がたったら、またおなじこといわれて。その（環境対策）費用を、どうして屠場の赤字につけるの？　そっち（市の一般会計の住宅対策費）につけたらいいはず。どうしてセンターのほうにつけるのか、わからないですわ」

この件については、もうすこし補足的な説明が必要だろう。

ＪＲ西宮駅の北東にあった旧屠場は、周辺が市街地化し、学校の通学路にもあたっていた。とはいえ、七〇年ちかく地域の地場産業としての役割をになってきた屠場にたいして、環境面で住民からの苦情はさほどなかったという。しかし、今後の環境対策といった点では、産業団地に移転しておいたほうが、将来的に対応が容易だという判断があった。

その移転先で、突如、震災による復興住宅の建設計画がもちあがったのだった。その経緯を、市環境局の食肉センター対策課長さんは、つぎのようにのべている。

「昭和六三年に（現センターが）できたとき、西宮浜というのは産業団地で、臭気対策も（フィルターで臭気をとる）フィルター式というのを最初にいれてスタートしているんですね。当初、産業団地では、住宅はたてないということになっていましたから。ところが、震災で、（県と市が協議して）こちらにそういう集合住宅をたてないといけないということになって、平成一〇年に（センターの）まん前に、（一四階建ての高層住宅群が）たってしまいました。そのときに、臭気対策で（低濃度オゾンガスを使用した）オゾン式脱臭装置とか、それから向こうから見えないようにするものとか、臭気をシャットアウトする高速シャッターとか、そういう工事を、追加で一億六〇〇〇万円ほどかけてやっています。また、そうした装置の維持・補修にも、年間数百万円ほど必要になっていますけど……」

これらの対策のなかには、もちろん市環境局として事前に対応したものもあったが、なかには、周辺自治会からの要請をうけてなされた対応もあったという。そうした要請の内容について、センターの施設管理を担当している主任さんは、こう語っている。

「（牛や豚の）運搬に問題がありまして、要するに、はこんでくるときに、ここ（の道路）は何時から何時までとおらないでくれと。（その理由は）豚が見えるとか、牛が見えるとか、あとをついて走ったら臭いとか、そういう苦情がありまして。ここ、あたらしくつくるときに（周辺）自治会とそういう話をして……」

こんな話をききながら、わたしのなかに、センター施設の見学のさいに見た風変わりな「屋根」の記憶がよみがえってきた。

その「屋根」は、センターの牛や豚の搬入口に設置されていた。遠方から眺めたかぎり、それは搬

写真5-1　搬入口の屋根

入のさいに牛や豚たちがすこしでも雨にぬれるのをふせぐためにもうけられた、ごく普通の屋根にしか思えなかった（写真5-1）。

ところが、ちかづいて真下から見上げてみておどろいた。「屋根」には無数のスリット（すき間）が入れられており、とてもではないが雨をしのげるようなしろものではなかったからである。

たしか、そのときに主任さんからきいた説明はこうだった。そもそもこの「屋根」は、牛や豚の搬入の光景を、高層住宅から見えないように遮蔽するのが目的でつくられたものである。ただし、屋根で入り口全体を覆ってしまうと、夏場になると奥の係留所につながれた動物たちの熱気が室内にこもってしまう。そこで、高層住宅からの視線をさえぎる方向にスリットを入れる工夫をほどこすことにより、遮蔽と放熱の二つの機能をともに「屋根」に合わせもたせるようにしたのだという。

それをきいたとき、わたしたちは、思わず「ほーう」とか「なるほど」と声をあげたものだったけれども、そのときは、ただただ、そのアイデアの卓抜さに感心しただけだったように思う。

しかし、あらためて移転の経緯や環境対策の苦労などをうかがってみると、この「屋根」の設置をめぐり、後からあとからふつふつと疑問がわき起こってくるのを禁じえなかった。

（当初の計画に入っていなかった近隣住民向けの）環境対策費を、いまのようにセンターの特別会計から支出することは、ほんとうに妥当なのだろうか？　いったい、食肉センターの横に後から《・・・》きて住みはじめた人たちの側に、臭気や鳴き声の削減や防止を求めるのならまだしも、はたして「牛や豚を見えないようにする」ことまで要求する権利はあるのだろうか？　そもそも「牛や豚が見えること」が、どうして環境問題になるのだろうか？　等々といったように。

畜魂祭の光景

食肉センターの正門をくぐると、正面玄関へいたる通路脇に、大きな石碑がたっている。「畜魂碑」と刻まれたこの石碑は、人間の犠牲となった家畜たちの霊を祀ったものである。

それは、五月の青い空がぬけるように透きとおった、よく晴れた日のことだった。その日は、食肉センターで年に一度の畜魂祭が催されることになっていた。畜魂祭を主催するのは、西宮食肉事業協同組合。理事長さんのはからいで、わたしたち研究班メンバーも招待にあずかっていた。

センターの正門前で、メンバーとタクシーを降りたったとき。すぐにもわたしは、これはもしかすると致命的な失態をやらかしてしまったのではないかと後悔の念におそわれた。

じつは畜魂祭には招かれはしたものの、どのような式典かよくわからない。それで、しばらくまえに、主任さんに直接たずねてみたことがあった。そのとき主任さんは、センターで屠殺した家畜を供養する法要である旨をつげてから、「なかには喪服でこられる方もありますが……」と言いそえたのだった。

それをわたしは、てっきり冗談だとばかり思いこんでいた。なぜなら、「ええっ」とオーバーにおどろいてみせたわたしに、主任さんは微笑みをうかべながら、意味ありげにうなずき返しておられたようだったから。

当日、カジュアルなジャケットにスニーカーという、いつもながらのラフな出でたちでタクシーをおりたわたしのまえにひろがっていた光景は、出入りする黒塗りの車列と、喪服に身をつつんで行きかう人びと。これではまるで、お葬式に普段着姿で参列してしまったようなものではないか。

それでも意を決して受付で記帳し、冷や汗をかきながら理事長さんにお招きいただいたお礼を申しのべていると、そんなわたしを目ざとく見つけて（というより、ただたんに服装が目立っただけだろうが）FN社のKさんがよってこられ、いかにもテキパキと、参列している業者の方々一人ひとりにわたしを引き合わせてくださった。

おかげさまで、このとき交換した名刺が、そのあと、食肉センターに出入りする多様な業種の人たちにたいして聞き取りをすすめていくうえで、大変に役立つことになったのだった。

会場には白と黒の鯨幕が張りめぐらされ、畜魂碑をかこむように来賓用の大型テントが二基設置されている。

まず、理事長さんが祭文をよみあげ、つぎに、西宮市長をはじめとして市議や食肉事業団体の理事ら参列する一〇〇人におよぶ関係者が、僧侶のとなえる読響がつづくなか、畜魂碑まえにもうけられた祭壇まですすみ、順次、焼香をおこなっていった。

ただ、例の提言書をうけて、市がセンターの存続か閉鎖かを決する期限まで、あと二年あまりしかのこされていないという状況にあって、同席している食肉関連業者と市長・市議とのあいだには、目には見えない緊張感がみなぎっているように感じられた。

テント下に着席して焼香の順番をまっていたときのこと。建物のそばに作業着姿の男女が三々五々たたずんでいるのに気がついた。

屠畜・解体作業にたずさわる屠夫の人たち、内臓の洗い子さん、食肉卸業者の社員、あるいは施設管理を委託された業者の社員の人たちといった、いわば、じっさいに日々屠場の現場ではたらいている人たちである。

この黒い喪服と作業着との対照が、なぜか、心にひっかかりをのこした。

彼らは、一番最後になってから焼香をすませると、そそくさとそれぞれの持ち場にかえっていった。

そのとき、ふと、この盛大にとりおこなわれた畜魂祭は、彼らの目には、いったいどのように映っていたのだろうか、と思った。

第6章　仕事の両義性、もしくは慣れるということ

「最初は、もぅ、いやで、いやで」

芦原町時代から、この食肉センターで内臓の洗い子の仕事をしてきた女性は、壮年になってはじめてこの仕事についたころを振りかえり、つぎのようにのべている。

「（豚の）頭《かしら》のね、この肉が、ぴくぴく動くやんか。いまは、もぅ、二階から（シューターで直接、水槽のなかに頭が）おちてくるけど、（移転の）まえは、ここで切って、（すぐとなりのまな板のうえに）のせよった。そやもんやから、（頬や顎の筋肉が）ぴくぴくうごくやんか。切ったあと、それ見とったり、内臓見とったりしたら、あんまり（肉やホルモン類は）、ながいことは、たべれんかった。なんでやったら、最初やし、あのぅ、こないだ（仕事場の見学のときに）、こぅ（豚の大腸を裂いて水槽のなかで洗浄）

しとったやろ。あんななかに、虫がおおいんや。こん、長い、人間にもむかしおったけど、（その当時は）ほーん、ひどかった、こんなかたまり。いまは、いまは滅多にはおらへん」

屠場ではたらきはじめてからしばらくのあいだは「（お肉が）たべられへんかった」とか、「たべたいと思わんかった」といったセリフは、わたしたちの調査でもよく耳にしてきた。

たしかに内臓の洗い場にたちこめている、胃や腸内の消化物や未消化物と内臓脂のいりまじった独特の動物性の臭い。その強烈さと、あとあとまで絡みついてはなれない執拗さは、まさしく一度経験した人でないとわからない。わたしもこうした調査をはじめてから当分は、肉やホルモン料理を口にしようとするとき、ふと、食材からたちのぼるかすかな匂いからも、洗い場や捌《さば》き場で見てきたリアルな光景がまざまざとよみがえってきたものだった。

ただし、その女性が、洗い子の仕事が「最初は、もぅ、いやで、いやで」と、当時の思いのたけをこちらにぶつけてきた背景には、仕事にたいする個人的感情だけでなく、もっとほかにも理由があったようだ。

洗い場での分業体勢や商品の流れについて、ひとしきりお話をうかがったあと。彼女は、いいにくそうに、「わたしが、こういう仕事して。（そのせいで）きょうだいが、四、五年、（家へも）出入りせえへんことあったんよ」と、仕事を理由に、きょうだいから一時的に疎遠にされた辛い体験について、ポツリ、ポツリと語りはじめたのだった。

そして、「やっぱし、こうぃぅ仕事いうたら、だれも、喜んではねぇ……。普通の人やったら、きぃへんでぇ、この仕事」とつづけてから、彼女は、今度はきいているわたしたちにむかって、「もしか、兄さんでも、この仕事しぃっていうたら、いい、ちょっと、こぅ（引き気味に）感じると思うわ。頭、捌いたり、なん、最初からするの、だれでもいややと思うよ」と、逆に問いかけてきた。

こんな質問をされたのは、このときが最初で最後だった。とはいえ、じつは、「こうぃぅ仕事、あんたらならやれるかい」とか「やってみようと思うかい」と問われたとき、はたして自分ならどんなふうに答えるのだろうかという自問自答を、わたしたちは調査を開始して以来、口にこそ出さないが何度も心のなかで繰りかえしてきたように思う。

幸か不幸か、結局、そういう機会にめぐりあうことはなかった。当の彼女にしても、わたしの回答をまつことなく、すぐにつぎのトピック——ではなぜ、自分はこの仕事をやめずにつづけているのかという話題に転じていったから。

しかし、前者の問い（「あなたは、あえてこの仕事につこうと思うか」）にたいしてわたしたちが直面させられる返答の困難さにくらべて、後者の問い（「なぜ、じぶんはこの仕事をつづけているのか」）にたいする回答は、なんともあっけないものだった。

「いやで、いやで、もぅ、なんべんやめよう思うたことかな」とのべたあと、彼女は、それにもかかわらず二〇年以上にわたって仕事をしてきた理由を、こう説明したのだった。

「(何度も辞めよう) と、思うたけど、つい、慣れてもうて (笑)」

じつは、屠場での仕事について話をうかがっていて、とりわけ頻繁にでてくるのが、この「慣れる」という表現である。たとえば、業務委託先から派遣されてきてセンター施設のメンテナンスの仕事に従事している若者は、着任したばかりのころの心境を振りかえって、こうのべていた。

「(職場にはいった当座は) 正直、見た目が見た目ですし、いままで見れへんもんやから、抵抗はありましたけど。血ぃとかの、そのね、やっぱり、血の出方もはんぱじゃないですし、それに臭いとかも抵抗あるし。ま、六年目になって、もぅ慣れて、そういうなにが、思いだすいうたって、なんも思いださされんの。正直、慣れすぎて、もぅ。ま、いまとなったら、なんであんな思っとったんかな、いう感想ですけどね。なにが辛いっていうのとか、あんときやといえたかもしれんけど、もぅ(笑)、ここまできたらねぇ、なにが辛いというな、ないし」

それにしても、老若二人のこんな話をきいていると、「(仕事に) 慣れる」ということが、なにか、とても不思議なことに思えてくる。あれだけイヤでイヤでたまらなかった感情を、あたかもすっかり忘れさらせてしまったかのような「慣れ」の力。たしかに、彼らのいうように、慣れるにしたがって、当初いだいた仕事への抵抗感やマイナスイメージは徐々に払拭されていくようである。

以下では、「慣れ」という現象の秘密にせまるとともに、にもかかわらず、依然として「慣れられない部分」がのこりつづけるとすれば、それはいったいなぜなのか、について考えていきたい。

しぜんに馴染む／「屠場探検」

食肉センターに出入りする人たちに接してみて気づかされたこと。それは、親の仕事あるいは家業をついでいる二代目や三代目の人がおおいということである。彼らのなかにはちいさいころから頻繁に屠場に出入りして、そこではたらいていた父母や祖父母のすがたを見て育ったという人がすくなくない。

たとえば、牛の内臓の卸屋さんは、内臓脂をあつめていたお父さんにつれられて、ちいさいときから近隣の屠場をまわっていたという。「(そこで現在につながる)仕事は、おぼえたんや」という彼に、そのころの屠場の印象を問うてみたところ、「こわいおっちゃんら、ようけいおるな、思うたけど」と大笑いがかえってきた。

また、「(祖父につれられて)三つぐらいんときから(屠場に)出入りしている」という豚肉の卸屋さんは、「ちいさいときから、(仕事への抵抗感も)とくになく、すきやった」から、「そやから、そのままでもぅ、ね、跡継ぐんが、あたりまえみたいな感じ」で、小学校のころには、「豚舎のまわりいうたら、虫とか、おおいやん。そういうの(笑)ついでに採りにいったりして」遊んでいたし、中学になったら、

「ほとんど、夏休みいうたら、（屠場に）手伝いにき」て、「（豚の枝肉を）秤にのせて計量するのん、手伝うたり」していたという。

さらに、屠場のすぐまえに自宅と作業場があったという昭和三〇年代生まれの卸屋さんは、子どものころの「屠場探検」の思い出を、こんなふうに懐かしそうに語っている。

＊（聞き手）：お家が（豚の肉や内臓の）卸屋さんで。

R（語り手）：大阪に工場《こうば》と家があって、その向かいが、もぅ、こういう食肉センターみたいな。で、そのまえに住んでましたからね。

＊：あ、それだったら、わりと、屠場についても、見たりていう経験もあるわけですね。

R：そうそう、そうです。日曜日になったら、探検しにいったりね（笑）。

＊：はいれるんですか、子どもが。

R：いや、塀のぼって（笑）。

＊：（笑）お父さんが、そういう仕事してるからっていうんじゃなくて。

R：なくてー、興味本位でー、友だちと。

＊：それは、面白いっすねぇ（笑）。で、それで、怒られたりはしない？

R：なんにも。だーれもおれへんかったからね、ガードマンも、あとできよったから。

＊：へええ、じゃあ、なかの係留所には、豚がまだいたり、牛がつないであったり。

R：ま、つないであるん、知ってましたわね、生きたやつ。これ、上、のれるんやろうかなー、またげるんかなー、とかね、いろいろ考えたし。

＊：(笑) けっこうしょっちゅう、いったんですか。

R：そうですね、しょっちゅう。暇やったら、いこうかぁ、いうて。なか結構広かったから、野球やったりね。そんなんして遊んだりできましたからね。

＊：はあ、ほいじゃもぅ、屠場についての知識はあったわけですよね。そこに、牛とか豚がいて、そこでいま屠畜して、解体してるよっていうのは、もう、子どもらがあたりまえのように知ってた。

R：あたりまえのように、はい。

＊：ふつう、そこがちがいますよねぇ (笑)。へえええ。そいで工場っていわれたのは、加工かなんかする、そういうところでは、もぅ、じぶんのところだから (笑)、仕事とかも、ちっちゃいときから見れるわけですね。

R：ずーっと見てましたね、学校、いきもっても、もぅ、(帰ったら) 仕事にきとったからね。で、放課後、かえってきたら、もぅ、家に品物いっぱいあったからね。(豚の) 頭、ごろごろしよる。(枝肉や頭の) 捌きはしてるわ、内臓 (の洗浄や加工を) してるわ。

このように子どものころから屠場に出入りし、親たちの仕事を手伝ってきた人たちにとり、屠場の仕事はすでに身近で、あたりまえなものとなっていた。したがって彼らの場合は、あらためて慣れる必要さえなかったし、ごくしぜんに仕事に馴染んでいくことができたといえそうである。

「三カ月、辛抱しぃ」

以上のような体験談をきいたあとでは、あまりに対照的に感じられようが、わたしたちの聞き取り調査においては、はじめて屠場に来た研修生や求職者を現場に馴染ませ、また、定着させていくことがいかにむつかしく、また、大変であるか、といった種類の語りにはつねに事欠かなかった。たとえば、企業が屠場で新入社員の研修をすると、会社を辞めてしまう社員までいたというこんな話。

「(ハムなどの食肉加工製品をつくる) 大手の企業でも、むかしは、食肉センターに研修につれてきよったんよ。せやから、新入社員の子、何十人もつれてきよったけど(笑)。つれてきたら、続かんらしいんです(笑)。いや、おれ、あんな仕事せなあかんのかな、いう感じでもぅ、本人、とらえてもうて、うん。ほんで、裏行って、えずいてる子おるしな。せやから、もぅ、最近は、つれてけぇへんけどね。解体の作業見せたら、もぅ、半分やめるて(笑)」

写真6-1　腸を洗う（牛）

これは、そもそも実地研修をするまえに、企業側で十分な事前学習がなされていなかったことを推測させるエピソードである。が、それだけでなく、新人が現場に適応できるかどうか、つまり現場に慣れるかどうかにかんしては、はっきりとした個人差があることを指摘しているようにも思われる。その点については、つぎのような語りもある。

「(アルバイトは) 欲しいけどな。ええ、まず、臭いとか、そこらへんから慣れて。うん、その慣れがなぁ。イヤな人は、イヤやし、はっきりいうて。半日きたら、もぅ、帰る人は帰るやろうし。そらもぅ、その人次第やな。ぜんぜん、気にせん人は、気にせんやろし。そやね、だいたい、一二月一ヵ月は、ほんまいったら (アルバイトを) 欲しいんやけど、休まれたらかなわんし、大企業じゃないから……。ペイも、3Kついて、よそよりひくいし。冬は、(水で内臓を洗うから) 冷たい、つめたい、凍えて。でも、ぼくら、冬でも、ずっと半袖です。そや、肘 (まで水に) つけて、ざーっと洗

うのに、そんな、ここ（肘）まで着とったら、仕事できへんから」（写真6−1）

しかし、仕事に適応するうえでの個人差とはいっても、それはたんに個々人の生理的な感覚なり感情の次元の問題のみでなく、会社や職場の側の対応やサポートの仕方、そして仕事自体にたいする各人の受け止め方等に深くかかわっていることは、つぎの語りからもうかがえる。

「（業務委託先の会社が、社員の補充要員や新規採用をおくりこむ場合も）もぅ、会社のほぅに、（はじめに）見学させ（てから決定するように）と（それまでの対応をあらためさせた）。見学してもろうて、つづく人はつづくやろうし、つづかん人はつづかんで。で、最初のときに二〇人ぐらいきて、で、見てもうて、ほな、あした、これる人だけでええから、ここへきてくれいうたら、結局、誰一人、こんかったですわ。で、いま（着任して）七カ月目の人は、まず（社内で）募集かけて、四人（応募の）連絡あって、とりあえずつれてきて、ほんでまぁ、倒すとこも見てもろうて、内臓も出しとるとこも見てもろうてね。で、こういう仕事やと。たまには内臓もさわらなあかんとか、動物もさわらなあかんと、ババ（糞）もさわらなあかんと。そいでよかったら、きて、ていうて。たいがい、みとったらわかんね。目をね、背けた子、ぜったいきませんよ。ほんで、その（四人の）なかでも、いまきてる子は、ええから、一応、そのように話して、くる気があるんやったら、きてもろうていうことで、ま、現在おってんやけどね。だから、あのまぁ、（あたらしく）くる人にいつもいうんやけど、なんせ三カ月辛抱し、と。なら、ええとこもわかるし、わるいとこもわかると」

これらの言葉のなかにわたしたちは、この職場にくる新人たちにむけられた、「(すこしのあいだだけでも)辛抱してみろ」、そして仕事のじっさいにかんしては「(けっして)目を背けずに(しっかり)見よ」といった、先輩からの熱きメッセージを読みとることができる。

そして、とりわけ彼らへの有効なアドバイスとなるのは、もしも一定期間辛抱しさえすれば、いずれ「(仕事の)ええとこもわかるし、わるいとこもわかる」ときがやってくる、という部分にちがいない。

慣れと文脈性

この最後のセリフは、わたしには、ある意味で慣れという現象の本質をついているように思われる。なぜなら、仕事にかぎらず、わたしたちがある対象を全体的に受容するための必要条件が、まずは、対象のもつ「よいところ」と「よくないところ」をともに認識することだからである。べつの表現をすれば、屠場の仕事に慣れるためには、やはり、その仕事のよさを知らなければはじまらない、ということでもある。

じっさい、仕事に慣れていく理由はさまざまであるが、それについての人びとの語りをきいていると、きまってというほど、仕事のよさについての言及がなされている。

それはたとえば、「も、捨てるとこないわ、豚こは」とか、「たべもん（の生産）やから、だれかがしなあかんもん」とかいった凝集された一言半句のなかにこめられた、当の仕事のもつ社会的な意義にふれるものもあれば、「あの時分は、楽しかったよ。仕事が早うおわったら、ドライブいこうっちゅうて、六甲行って、いろんな思い出ある」といったように、職場の人間関係の親密さについて言及するものもあった。

いや、むしろ、そうした点では、本書があきらかにしようとしているのも、まさしく屠場の仕事にそなわっている「よいところ」である、といえるだろう。

ともかく、あらゆる仕事は、つねにそうした「よいところ」と「よくないところ」という二つの側面を合わせもった両義的な存在である。それはたとえば、わたしたちのような大学教員という仕事においてもおなじことである。わたしたちの仕事の「よくないところ」をあえてあげるならば、ハラスメントや論文の剽窃や補助金の不正流用などが日常的に問題化している点を指摘できる。

そして、仕事に慣れるとは、まずは、個人の意識のなかで、仕事のなかのマイナスの要素（たとえば、「大変だなぁ」とか「やってらんないなぁ」と感じる部分）とプラスの要素（自分が仕事に見いだしている意味）とが、ある程度、折りあいがとれるようになること、といえるかもしれない。

そのときには、かつてはあんなにイヤだった仕事が、「いまとなったら、なんであんなん思っとったんか思いだされん」というほどに、それなりに馴染みのある仕事へと様変わりしているだろう。

ただ、ここで「ある程度」とか「それなりに」と書きそえたのは、慣れとは、けっしてそれほど固定的・安定的なものではなく、それがおかれた社会的文脈に依存するきわめて曖昧かつ微妙なものだからである。そのことを、つぎの語りはおしえてくれている。

「もぅ、幼稚園のころから、仕事の関係で、(父親と)一緒に車にのって(屠場へいって)、ま、そこらで遊んどり、いうような感じで。だから、牛がいてて、豚がいてて、ま、豚の首、牛の頭が、ころがってて、血みどろになったもんがあるっていうの、ぜんぜん気にならない。豚の枝肉でありぃの、喉突いた豚がぴくぴくしてても、この場所(屠場)では、気にならへん。あたりまえっていうか。ただね、家で、まな板のうえにね、豚の頭があったら恐いですよ。豚の頭が丸々とか、頭の骨とか、あの、そこにあるべきものがあるのはいいけど、ないものがあるというのが、気持ちわるいです」

これは、中学を卒業するかしないかのときから、豚の頭の捌きをおぼえたという職人さんの言葉である。彼は、仕事場にならべられている頭にたいしては、それこそ慣れきってしまっていて、とくべつな感情はいだかないけれども、場違いなところに置かれた頭にたいしては、いまでも違和感を禁じえないという。

このように、慣れとは、たとえそれがいくら長い年月をかけて醸成されてきたものであったとしても、基本的に社会的文脈性との関連においてかろうじて成りたっているものである。それゆえ、その実践がおかれた文脈性のいかんによっては、この話のように慣れ以前の（つまりは、いつになっても慣れることのない）感覚や感情が不意にあたまをもたげてくる事態というのも十分にありうることなのである。

「と畜検査員」という仕事

仕事のもつ両義性とのかかわりで、これまでみてきた人たちとはまた異なった形でこころを引き裂かれる経験をしてきたのが、食肉センターでと畜検査員をしている獣医さんたちではなかろうか。西宮市食肉センターの敷地に隣接して、西宮市食肉衛生検査所の建物がある。そこでは、現在、一〇人の獣医の方たちが勤務しており、毎日、ローテーションをくみながらと畜検査員としての業務をセンター内でおこなっている。

センター内での業務とは、具体的には、まず、屠殺前の生体の健康チェックや（牛の場合の）個体識別番号の確認、それから内臓や枝肉に病変がないかのチェックがあげられる。もしも病気がみつかれば、ただちに廃棄処分とするし、病気の疑いがあるときには精密検査へまわし、その結果がでるまでは出荷をストップさせる。

また、ＢＳＥ（牛海綿状脳症）対策が確立してからは、おとされた牛の頭については、内臓屋さんにわたるまえに延髄を採取してスクリーニング検査をおこなうことが国によって義務づけられている。

したがって、現場で頭から延髄を採取したり、その検体をもちいて、三、四時間かかるBSE検査をおこなうのも、獣医の方たちの仕事である。

また、場内の見学のさいに、たまたま白いヘルメットに白い作業着姿のわかい女医さんが、細長いホースのついた装置をもちいてBSEの危険部位に指定されている脊髄の吸引に取りくんでいるのに接したことがある。じつは解体作業において、背割りの工程にすすむまえに脊髄の吸引をおこなうように職人や業者にたいして指導をおこなっていくのも、このと畜検査員の役割なのである。

以上の日常業務にくわえて、さらに、衛生環境の向上のために、定期的に枝肉のふき取り検査をおこなって、細菌数の把握につとめるといった仕事もある。

このようにみてくると、「検査員」の仕事といえば、ついつい研究室で試験管をあつかったり、顕微鏡をのぞいたりするデスクワークを想像しがちだが、このと畜検査員にかんするかぎり、そのイメージは部分的にしかあてはまらないことがわかるだろう。とくに、現在、四、五人いるわかい女医さんたちには、つぎのようになかなか厳しい仕事なのである。

「やはり、現場に出るので、返り血をあびたりしてよごれるっていうのもありますし、冷蔵庫にはいって枝肉に検印を押す作業もあって、それもしんどいし。あと、冬ですね、すごく寒いんです。お肉とかあつかってるので、暖房をつけられないんで、こっちが防寒していくんですけど、やっぱり、手は濡れたりするし、足も冷えるし、冬の寒さが一番辛いですね」

それだけではなく、彼女たちのおおくは、こういった仕事の中味について、「そりゃあ、あんまりなまなましい話じゃないけど、いえないですねぇ」と、たとえ親しい友だちにもつたえられない悩みをかかえている。ある人は、検査員をしているという話をしたとき、「スーパーで売ってる、カットされたお肉を検査してるんかと思った」という返事がかえってきた経験をもとに、「そうじゃなく、生きてるやつが、っていうと、ちょっとおどろかれるんじゃないのか」と心配する。そして、結局のところ、「獣医の友だちやったら、ここおしえただけで、どういうことしてるかっていうのは、見当がつくと思いますけど」というように、関係者にしか話がつうじないものと諦めているようでもある。

そうであるだけに、つぎのようにこの仕事の社会的な有用性や必要性について友人から指摘されたときの喜びが、こんなふうに語られていた。

「わたしの友だちが、いま、アメリカ産の肉が（BSE問題で輸入を禁止されて）どうとかっていう話があるんですけど、国内産は、まぁ、わたしとか友だちがきちっと検査してくれてるから、安心やわぁ、みたいなことといわれると、まぁ、よかったなー、っていう（笑）」

これらの語りには、と畜検査員という仕事の両義的な性質がよく示されているように思われる。しかしながら、彼女たちの気持ちを引き裂いているのは、けっしてそれだけではなかった。

「いのちを終わらせること」をめぐって

今回とくに記憶にのこっているのは、女医さんたちへの聞き取りのさいに、獣医を志望した理由を質問したときに、めずらしくなんのためらいもなく「動物が好きだから」という返事がストレートにかえってきたことである。

そう、獣医を志望する人のおおくは、好きな動物の病気をなおしたいと思うからこそ、その仕事をえらんだのだったろう。だが、この食肉センターは、むしろ、健康であると確認された動物を、ある意味で安楽死にみちびいていくところなのである。

そのことに気がついたとき、はじめて、獣医としてと畜検査員をつとめる人たちのこころをかきみだす仕事上のジレンマが、いったいどんなに奥深いものであるかが、かすかにうかがえたように思う。だが、こうしたこころの葛藤は、彼女たちだけではなく、「屠るという仕事」に従事する人たちによって、多かれ少なかれ共通していだかれてきたものだった。

たしかに、人間はもとよりあらゆる動物（たとえそれが、家畜であれ、ペットであれ、野生であれ）のいのちは、かけがえのないものである。ところが、わたしたちはいまや、自己の生存のために、大量の家畜やペットの「いのちを終わらせる」という営みを抜きにしては日々の生活をおくることさえできなくなってしまった。

しかも、それだけではない。

こうした「屠るという仕事」のじっさいを知らずに暮らしているわたしたちにとっても、じつは、「いのちを終わらせる」ことをめぐる逡巡や葛藤はけっして無縁ではないのである。

たとえば、妊娠に気づいたカップルが、ちいさないのちを堕すかどうかで悩んでいるようなとき……。あるいは、近親者が死に瀕しているときに、延命措置を中止するかどうかを医師からたずねられたとき……。

そんなとき、わたしたちのこころのなかでは、「いのちを終わらせる」意味にかんする多様な解釈が、ぶつかりあい、せめぎあっており、そうした葛藤のなかでなんとか決定がなされたとしても、それ以降もそうした対話は、自己のなかで無限につづいていくことだろう。

だとすれば、そうした「屠るという仕事」にかかわる人たちの「慣れることのできない」悩みやこころの葛藤についても、毎日のようにおいしい肉やホルモンを享受しているわたしたちこそが、積極的に共有していくべきものではないだろうか。

第Ⅳ部　食肉センターを支える人びと

第7章　こんなんないかなぁ、に応える仕事

「なんでも技術屋さん」

屠場が、牛や豚を屠る場所であることは、わたしたちは情報として知っている。しかし、屠るという行為が、おおくの人にとってあまりに縁遠く、また逆に、ある種のイメージだけが流布しているからだろうか。屠場ではそれ以外にも多様な仕事が営まれていることについては、なかなか想像しにくい。

ＢＳＥ（牛海綿状脳症）関連の報道などでテレビに映しだされる屠場は、わたしたちに冷えびえとした近代的工場を連想させる。そんなときは、つい、ぶら下がっている枝肉のほうにばかり目が奪われがちで、そこで随時稼働しているさまざまな機械や、また、その機械をうごかす人や、それら機械と人との関係が織りなす場の成りたちにまで想像をめぐらせることは、ほとんどない。

「ちょうど階段が六八段あるんですよ」と、その人はいった。

食肉センターの一階から機械室のある三階まで、直接つうじている階段の段数のことだ。その「六八段」という妙に正確な記憶の仕方に思わず吹きだしそうになりながら、同時に、その人の仕事の本質が一瞬かいま見えたような気がしたものだ。

このＳさんは、いまは定年を迎えてリタイアされている。わかいころに冷蔵会社から転職し、西宮市職員として旧屠場（芦原屠場）へやってきて、定年までをずっとこの食肉センターで、施設維持管理技師の仕事をつづけてきた。

冷蔵会社にいた技術者だから、もちろん専門は冷蔵庫なのだが、話をうかがっているうちに、当初こちらが思いえがいていた冷蔵庫まわりの仕事だけを淡々とこなしているというイメージは、すぐにも変更をせまられた。

じっさいに屠場のなかをあるいてみれば、いたるところに、Ｓさんたちの「足あと」が見つかるのだ。じつは、彼らは「なんでも技術屋さん」とでもよぶほかない、そんな旺盛な好奇心と行動力をかねそなえた「技術のひと」の集団だった。

この章では、機械という、物をいわぬだけにたしかな「モノ」を相手にしたＳさんたちの仕事と、機械を媒介とするさまざまな人と人との関係を、彼の語る豊かなディテールに寄りそうかたちでえがいていきたいと思う。それが、屠場という仕事場の深みを知るための一助となることを願いながら。

広がる仕事場

Sさんの、市職員という立場。そして、今日の屠場にたいする近代的でメカニカルな「工場」としてのイメージ。それらから想像されるSさんの仕事は、おのずと官僚的で、淡々とした、どこかマニュアル化されたものとうけとりがちだ。しかし、彼の仕事は、そうしたこちら側の勝手な憶測とはまったくちがったものだった。

その仕事の特徴とは、まず、「じぶんの仕事は、このようなものだ」と、はっきりいえない点があげられる。冷蔵庫まわりの管理・補修はもちろんだが、その他を仮に列挙すれば、電気系統全般の管理・補修、水道使用量の管理、機械類の清掃とメンテナンス、衛生面での工夫等々がくわわってくる。そのうえ、屠場のなかのさまざまな機械には、彼らによって改造／発明されたものがたくさんある。そんなふうに、じぶんの仕事がほんらいの職分からズレて、ここまで拡大するとは、おそらく彼自身も当初は予想もしなかったろう。だが、彼らの仕事の範囲は、ほんらいの役割をつねにはみだしつづけて、どんどん広がっていった。

以下では、その仕事が拡大してゆく契機となることがらを見てゆくことにしたい。

その仕事の拡大のきっかけとなったのは、かならずしもポジティブな要因ばかりではない。むしろ、屠場全体が見舞われた危機に対処するために、しかたなく巻きこまれた場合がおおい。

たとえば、この食肉センターの歴史をひもといてゆくと、現在までに見舞われた大きな危機や転機という意味では、いくつかのはっきりとした契機がある。

まず、芦原町にあった旧屠場から、現在の西宮浜への移転がある。施設全体が居をうつすのだから、あらたな機材の購入と設置、運転準備、といったこと一つとってみても、その大変さは想像してあまりある。

そして、九五年一月の阪神淡路大震災の被災がある。屠場をささえる地盤は液状化現象をおこし、長期的な断水にみまわれた。冷蔵庫に在庫としてのこされていた大量の枝肉たちを「避難」させる必要があったが、商品輸送のための道路はやはり寸断され、屠場は一時的にではあるが、陸の孤島と化した。

つぎに、翌九六年の病原性大腸菌O－157の流行。日本全国で、下痢や嘔吐といった食中毒症状に似た症状が報告され、老人ホームや児童養護施設などでは集団感染をひきおこし、死者もでるなどした。最終的な汚染源は特定できなかったが、食肉業界はO－157にたいして、とくに衛生面からの対応をせまられることとなった。

それから、いまだ記憶にあたらしく、また、現在進行形の危機でもあるBSE問題がある。全頭検査が義務づけられ、そのことによるさまざまな手続きやあらたな設備、人員配置の必要性がうまれた。また、それにともなって、脳、脊髄など産業廃棄物として処分すべき箇所がふえ、ゴミの容量が三倍にもふくれあがったという。

件は、解体作業の細かな部分にまで影響をあたえた。ことに、衛生面への配慮は緊急の課題だったようだ。

衛生をめぐって

では、もうすこし具体的に、それぞれの危機への対応についてみてみよう。なかでもO－157事

S：もうとにかく、あんまりさわらない、いうことですね。んで、人がそれまでは軍手つかって作業してたんですけどね。でも軍手はやめようと。とにかくあのぅ、さわるのには、手を洗浄するように、流水でね。だから衛生面については、作業工程がね、ここさわらんとあれしなさいとか、手袋してるのやめて素手でさわんなさいとか。

＊（聞き手）：素手なんですか。

S：素手のほうがやっぱり一番きれいですねぇ。ゴム手袋は、すべってダメですしねぇ。ナイロンのやつもすべるんですよね。で、使い捨てなら、またそれ、一頭処理して、すんだら使い捨てでしょ。この置き場がまたよごれてくるでしょ。そしたらもう、なんにもない素手のほうが一番、もう、（手袋を）ほかさんでエエし、手洗うだけですむし。そのかわり手は荒れるかもしれんけれどもね。で、そんなんで、あれやってから、みんなそれに慣れるのがもう大変やったん

です。言うほうも大変だったけど（笑）、もぅやるほうがもっと大変ですわねぇ。

解体作業の過程では、牛や豚の排泄物のついた皮にどうしてもふれてしまう。それらにふれた手で作業をつづけ、枝肉にふれることはやはり衛生的な問題がある。たしかに、軍手はいかにも不衛生だ。頻繁に洗いながらであっても、繊維にしみこんだよごれがそう簡単におちるとも思えない。だからといって、よごれをはじきやすいゴムやナイロンの手袋であっても、またべつの問題がある。そこで出された解決策は、なんのことはない、「素手」だ。これがもっとも衛生的であり、作業がしやすく、また、処分の必要がないという意味ではコストもかからない。

作業中に使用するほかの道具にかんしてはどうだろうか。

S：そして、つかった器具は一頭ごとにみな消毒しようと。ナイフとか、もう全部さわるもんはね。

＊：たしかに、皮剝いたりしてるそばに、こういう、お湯が入ってるステンレスの箱があるんですよね。

S：熱湯消毒ね。えぇ、沸騰までさせてないですけどね、九〇度ぐらい。（それから）長靴とかはきかえもね、あの長靴の裏をとにかく消毒すると。

＊：ああ、それまでは、とくにはきかえたりしないで、もう。

S：そうですね、はい。それで、消毒液をねぇ。（それまでは）水しかおいてなかったんですよねぇ。

ジャブジャブーっとするだけなんやけどねぇ。で、それもまぁ、消毒液にして。あの消毒液って、匂いがね、やっぱり問題になりますんでね。でも、次亜塩素酸ソーダでしたら匂いがわりあいはやく消えますし。

作業をするそばに、つねに熱湯を用意しておき、一頭処理するごとにナイフやエアナイフを洗浄、消毒する。また、作業時にはく長靴は、作業の場にはいる前と後に、裏を消毒液につける。消毒液につけることなく場内をあるくことはゆるされない。

当の消毒液にしても、強力でさえあればどれでもいいというわけではない。食品をあつかう場のことだ、匂いが付着してしまうことも計算にいれる必要があった。

＊：震災が九五年で、九六年ごろにO－157の問題がおこったかな、と記憶してるんですけど。あれ最初は、原因がね、かいわれ大根だっていわれてて。それで、（原因が）食肉センター側にあるっていう話も、新聞なんかでいわれてたような記憶があるんですけど。やっぱり、かいわれよりも食肉センターの関連とかいうふうに、こっちでもう対応したってことですか。

S：いや、そうじゃなくてね。僕もだいたいもぅ、あんまり不衛生なん、きらいなもんでね。

＊：ほんらいの機械技師としての仕事プラス、こういう衛生関係も担当だったわけですか。

S：担当っていうんかね（笑）、まぁ、みんなでやってたんですけど。

O-157の発生／流行源が、屠場との関係で指摘され、自主的な衛生面での対応がなされた。Sさんは、職員の一人として現場をまかされている者として、ほんらいの職分を超えてそれに対応する必要があった。だが一方で、そのような対応をせまられることを、じぶんが「不衛生」なのはきらいだからそうしたまでだといい、あくまでも「個人的に」興味の範囲内でやっていることだとも語る。

衛生面での工夫をみずから具体的に考えていった、その理由としてSさんがあげるのは、ほかに担当が「いないから」という「しかたなさ」の部分が一方でありつつ、同時に、「じぶんがやりたいから」あるいは「興味があった」からという、一見相反するような論理だ。かりに「しかたなさ」のみが、危機に対応するなかでの彼の仕事を動機づけていたとしたら、みずからの「職分」からはみだし、あれほど拡大してゆくことなどなかったろう。「個人的興味」という、一見矛盾した動機が共存しているからこそ、そのようなことが起こりうるのではないか。

この二つの理由ないし動機の共存は、彼の仕事の内実を考えるさいに重要なことであり、また、のちに見ていくように、そこかしこで同様の論理が語られているのはとても興味深い。

S：そうやって、やってきたんですけどね。だから、ま、設備にかんしては、あのO-157は大変でしたねぇ。気ぃつかいましたねぇ。みな、そら、何十回ってみなあつまって、しましたよ。

＊：あつまった人は、もぅ、その現場ではたらいてる人ですよね。

S：そうそう、そうなんです。検査所のね、先生方もあつまってね、大変でしたよ。いろいろ、そらぁ、反発もありますけどねぇ。そんなもんじっさいやってみなできるかいな、ちゅうて。そら、僕らも（解体作業の）一通りのこともできへんのにね、そない職人さんがいうたらね、やっぱりそのように思いますよね。もっと方法ないやろかとか。いろんな、だから、こんなんはどうや、あんなんはどうや、いうて、一応みんなアイデアだしたり、それぞれがね。

O―157という危機への対応とは対照的に、BSEへの対応は意外なことに「簡単なもん」だったという。しかしもちろん、「簡単なもん」とは、なにも危機感や緊張感がなかったということではない。O―157対策にかんする大変さとは、現場をあずかる何人もの人間が膝をつきあわせ、アイデアをだしあって解決をはかるという、そのプロセスの大変さのことだ。一方で、BSEでは、ある時点から国の明確な対応マニュアルが示されており、それに準ずることが可能となっていた。だから、「簡単なもん」だったというわけだ。

危機に対応してゆくことの困難さは、技術的なものである以上に、おおくの人をまきこんでゆかねばならない点にこそあったのかもしれない。

知恵をだしあう

＊：みんなでやっぱり知恵をだしあうのは大事みたいですねぇ。

Ｓ：そうですねぇ。やっぱり、こんな話をね、するのがやっぱりもう、現場にいて、作業しながら、こんなやつないやろかていうたりするのがヒントで、もぅ、みなねぇ、していくのが一番エエみたいですねぇ、やっぱり、現場に立ち合ってみて気がつく。現場で、こんなんないかなぁ、いうのがそこらですねぇ。

Ｓさんたちが現場で、さまざまな議論と工夫をかさねた結果つくりあげていった成果には、たとえば、例の「屋根」の工夫がある。

近隣の集合住宅から場内が見えないように、そして同時に、動物たちの放つ熱気や湿気がこもってしまわないように。こうした両面のニーズをみたすために考案された特殊な「屋根」は、もともとは、Ｓさんらが中心となって、設計者に相談したり、さまざまな角度から写真をとってはデザインを模索したり、といったプロセスをへて考案された苦労の賜物だ。実物を見ると、なんのこともないアイデアのように思えるが、同時に、非常によくできていることに感心させられるだろう。この「屋根」もまた、近隣住民からのクレームという外からの危機に対応するかたちで考案されたものだ。

つぎに、水道まわりの工夫がある。

屠場でなされる仕事内容と、衛生面への配慮の必要性、といった点を考えあわせれば、大量の水が必要なことは容易に想像できる。しかし、ある時期から、屠場全体の経費節減のため職員提案として水の節減をはじめた。それには、水道の蛇口そのものに改造をほどこす必要があった。具体的な例をあげれば、係留所のシャワーにタイマー方式を採用することなどがそれだ。

ところで、係留所とは、生産者がはこびこんだ牛や豚を係留しておく場所。係留所のシャワーは、輸送中に上昇した動物の体温を下げて、生体の体調を安定させるためのものだ。これまでは、ついついそのシャワーを必要以上につかうことがおおかった。そこでまず、係留所にある大動物八、小動物二三のブースごとにシャワー装置を設置して、動物がすくないときの無駄をなくすとともに、シャワーをタイマー方式にして一定時間で自動的にとまるようにしたのだ。

これらのほかにも、電気の使用量が一目でわかる計器（デマンド）を設置したり、職員が場内のどこからでも取ることのできる電話機を設置（作業中でも事務所によびもどす必要がない）したり、あるいは、内臓や排泄物などの「汚染物」絶縁のための側溝づくりなど、こまかにあげはじめるとキリがない。

一見雑多な仕事の数々。しかし以下で、そうした仕事の細部、「工夫」のいろいろを聞き取ってゆくことにより、意外にもわたしたちは、屠場の全体的なすがたをかいまみることになるだろう。

シューター（豚をおろす）

豚は、ちかくは近畿圏、とおくは島根県の生産農家から、九〇頭から一〇〇頭積みの大型トラックにのせられてやってくる。いまでは近隣住民への配慮から減少しはしたものの、まだ夜にはこびこまれることもある。ここで厄介なのは、その豚がつみこまれた大型トラックの荷台の高さだ。なぜなら、その荷台は、二階建てになっているからだ。

Ｓ：だから、ものすごぅに、あのぅ、なんちゅうかな、二階のヤツを下に降ろすのに、シュートありますねぇ。こう、ぽっとあけたらシュートになっとるところに、豚がいっぱいつめこんであってね。だからもぅ、運転手も怒鳴りもって。で、とにかく下（の階の豚）を全部最初にだしておろしといて、それから、今度二階のヤツをおろそうとしたら、もぅ、いご（動）かへんから。やっぱ疲れてますもんね、とおいトコからくると。だから叩いたり蹴ったりしたらもう、豚もギャーギャーギャーギャーギャーいいよるしね。夜おそいでしょ、だからもうみんな騒ぐんですよ（笑）、まわりじゅう悲鳴みたいなもんですよ、そやからもぅ、ご近所のかたも大変だったろうと思う。

二階にいる豚をなんとかおろさねばならない。しかし、たんに穴をあけただけのシューターでは、なかなかじぶんからおりてはくれない。そこで、ある工夫が必要になってくる。

簡単にいえば、豚が「じぶんから降りてくれる」仕組みをつくる必要があった。豚の後足は、前足にくらべてすこしながい。それゆえ、シューターにおちてしまわないようすこしでも踏んばられてしまうと、うごかすことはできなくなってしまう。だから、豚がじぶんから歩いていって、自然におりていってしまうような、絶妙の傾斜をもったスロープを用意する必要があった。

S：だから豚がそこを向いていって、しゅっとおりていく角度があるみたいですねぇ。ここを、もぅ、きてからつくったんですけど、何度角になったかよくわからんけどね。つくったんですよ、みんなでね。

＊：ほう。つかってるんですか。

S：うん、つかってますよ。だから合わしといてね、そしてチェーンブロックで上から吊ってね。で、角度ずーっと合わせながら、じっさいに、豚おろしてみて、最初カチーっとつくったら、豚もぅ全然おりないんですよ。こないしてねぇ、踏んばって。それで、何度くらいかなぁいぅことで、今度、角度をね、チェーンブロックでね、下固定しといてね、ずっと、上げたり下げたりしながらね。ほんでまぁ、いまの角度で、ほんならドーンと、いくようになりましたからね。むつかしいもんやなぁ、いうて。その豚の歩くね、坂道ですよね。

＊：豚はもう、この角度やったら滑らないと思ってすすんでるんですかね。

S：うん、おりるのはね。でものぼるのは、結構急でものぼっていくんですけど。

＊：それシューターだけども、一応、歩くんですか豚は。

S：ああ、歩くんです、はい。そうやね、やっぱり、やってみんと、なんかわかりませんねぇ。

＊：で、今度はそれで、固定できたんですか。

S：そうです。それで固定したらほかの車もきて、やってみてもスッとおりますからね。ほなら、すんなりおりるなぁて、運転手さんもそないいうてくれて。

豚が自然にあるいていった結果じぶんでおりるように、シューターの微妙な角度を徐々に調節していった。実験を繰りかえすうち、「ある角度」を発見する。なにも最初から豚の生物学的な特性を知っていたわけではない。具体的な、ある明確な目的のもとでなされる試行錯誤からなされたそれは、まさに言葉のただしい意味における「発見」だったのだろうと思う。それが「発見」されたとき、その場でどんな声があがったのだろう？

だが、このシューターをめぐる実験には、豚を効率よくおろすという実用面と、さらにもう一つべつの側面があったようだ。

Ｓ：いや、それ（現在のシューター）ないとね、もう二階建てのやつやったら、上からみな落とさんと、もう、絶対おりませんもんねぇ。こんな穴空けたぐらいでね。

＊：それ、落とすっていうのは、ほんとに落とすんですか。

Ｓ：いや、落とさんと、おろしようないですもん。あんな一匹ずつ、こんな抱いていけませんもんねぇ。

＊：はいはい。でも、一応落とすっていう意味は、歩かせるんですよね、そうじゃなくて、ほんとに落とす、穴が空いてるとこに。

Ｓ：いやもう、こないしてぶら下がっとってでもまだ、絶対おりへんもんねぇ。

＊：ほんとに落とすんだ（笑）。

Ｓ：だからもう、上持ってるトコ、ポーンって、まくったらポトっておちますがな。
＊：それで骨折とかしません？
Ｓ：いや、しますよ（笑）。だから、もぅこんなんかわいそうやしね、もぅ能率もわるいしね。
＊：ああ、ああ。はじめは落とすのやってたけども、それがよくないので。
Ｓ：いっぺんまぁ、つくってみたんですよ。もう、ちょっと、みなの職員提案でね。

明日にも屠られる運命にある豚にたいして、乱暴にあつかうのが「かわいそう」だという独特の感情。

Ｓさんにかぎらず、ほかの多くの職員や職人の方たちが、時折、屠られる牛や豚を「かわいそう」と語ることがある。わたしは、そうした語りをはじめて耳にしたとき、とても驚き、不思議に思った。というのも、彼らは当然、屠ることに慣れてしまっているのだから、「かわいそう」だという感覚など、とうに克服しているはずだと思っていたし、また、「かわいそう」だという感覚があるかぎりは、じぶんの仕事につねにジレンマを抱えざるをえないはずだからだ。

この、一見矛盾するものの同居を、わたしたちはそう簡単に理解することはできないかもしれないが、同時に、見過ごすべきでもないだろう。「かわいそうだと思うのなら、そんな仕事……」と考えてしまうとしたら、それは、肉を食うコチラ側の身勝手だといわざるをえない。そんなことにも、このシューターをめぐる語りから気づかされる。

自動シャッター（臭気を絶つ）

場内から廃棄物を搬出するさいに、その出入り口から、臭気が外にもれでてしまうことがある。これもまた近隣住民への配慮から、解決策として臭気のもれをふせぐためのシャッターを二カ所つけることにした。従来のふつうのドアであれば、搬出のさいにどうしてもあけっぱなしになってしまう。だから、出入りのとき「だけ」に開閉する自動のシャッターを設置するのがいいのではないか。そんな案がもちあがった。

シャッターといっても、一般的な商店などに設置されているようなアルミ製のそれではなく、長方形のビニールのシートの下に、鉄パイプが重りとしてはいっている、いわゆるロール・カーテンのようなものを想像していただきたい。

しかし、やはり人が頻繁に出入りする箇所だから、シャッターをくぐりぬける瞬間には、重りの鉄パイプがぶつかってしまう危険がつねにともなう。

＊：危険なとこだったんだ、あははは。

S：うん、そやから、その下で、ながい立ち話しとったら（笑）バーンとでてくるから。それを、センサーでキャッチして、ここにモノがあるときは絶対作動せえへんように。そんなセンサーを、えーっと、四つぐらいあそこ、ついとんですわ。

＊：へー、知らなかった。

S：手前と、手前何メートルのところに、台車で押してきたらね、センサーがキャッチして。だからあの、そのスピードまで、だいたい、どれぐらいかな、いいながらね。もう、そんなもんスピードわからへんから、じっさい、やってみんといかんがな、いうてね、ほんで荷物つんで台車押してダーッときて。ほんなら、じぶんがそこにいくときにはちょうど全開してる、で、とおって、ほんなここまできたときにはセンサー、キャッチして、おりる、つぎはまたきたらどないなんねん、いうたら、つぎきたら、その、おりるのとめるセンサーが作動するっていう。二重にも三重にもして、そんなん一個つけるのに結構たいへんで。

＊：へー。それで、臭気ももれにくくなって。

S：ちょっとはマシやと思うんですけどね。

こうしたセンサーを設置する箇所と開放時間のこまかな設定を、Sさんたちはみなで工夫した。こうした話をきいていると、がっしりとした体格のおじさんたちが、じっさいに台車を用意して、それを押し、おなじ通路を何度も何度もいったりきたりしながら、ストップウォッチ片手に所要時間をはかっている情景が思いうかぶ。それはもちろん真剣で緊張感のある「実験の場」ではあるのだろうが、どこか笑みをさそう情景でもある。

そうして、みんなであれやこれやいいながらつくりあげたシャッターが、後日実際に使用されている光景を、彼らはどんな気持ちで眺めただろうか。気になって何度もそのシャッターが設置された場所に足をはこんだり、陰からチラチラ見てみたり。もちろんそれは、聞き手であるわたしの勝手な想像でしかないが、やはりひそかに誇らしく思ったり、ニヤニヤしてしまったりしたのではないだろうか。そんな「裏方の仕事ぶり」がかいまみられるように思う。

頭蓋骨割り機（骨を割る）

ＢＳＥ問題以降、危険部位である脳をふくむ牛の頭骨は、基本的にはすべて産業廃棄物として焼却処分されることになっている。廃棄するにあたって、角はホーンカッターで切断されるが、頭蓋骨は、容量を減らすために二つに割る必要があった。

Ｓ：あれつくるのも、いろいろやったんですよ。頭の骨を、二つに割る機械ですね、油圧でね。小細工にちかい（笑）。

「小細工」と謙遜するが、さまざまな試行錯誤の結果、またしても彼らは、専用の機械を「発明」してしまったのだ！

そもそも動物の頭蓋骨は、大切な脳をまもるために、ほかの骨にくらべてとくに頑丈にできている。もちろん、牛もまた例外ではない。二つに割る、あるいは、容量をへらすために圧縮するというとき、われわれはどのような方法を思いうかべるだろうか。

たとえば、万力のようなものでギリギリと、徐々に圧力をかけて圧縮するという方法。もしくは、のこぎりやチェーンソーのようなもので、一つひとつ手作業で裁断してゆくという方法。われわれが一般的に想像するのは、これぐらいだろう。

そして、現場の者たちも、じつは例外ではなかった。まず、「圧縮」という方法について試してみたという。

＊：あれは、Sさんが中心になって？

S：いやいや、もう一人のねぇ、いまは定年退職されているOさんていう方なんですけど。その方がおもになって、知ってるところからね、油圧の機械借りてきてね、ほんで、これ二トンで切れる、潰せるやろ、骨やからね、そんなもん、ギュッと圧縮したらグニュグニュって潰れるんちがうか、いう判断だったんですよ。そして、これぐらいの大きさの、頭のはいるやつこさえてね、箱をね。そして、こっちからその頭をギュッと押したら、これくらいな四角いもんになるんちがうか、いう想像ですよね。

一同：（笑）

S：そら、二〇トンぐらいかけたらいけるで、いうんで、やったんですよ。やっぱり頑丈にできてますねぇ、頭の骨いうたらねぇ。もぅ、動物、みなそうでしょう。二〇トンかけてね、ほんならもぅ、これぐらいいったらもぅその二〇トンダメですわ。押せない。そしたら今度、逆の弱いほうからいってみよか、いうて、弱いほうからいったら、グニャーってもう、曲がってくるんですね、骨が。ほんで、潰れない。やっぱあの、骨で頭を保護してる。人間でもみな一緒やと思いますけど。そんなマンガみたいに潰れて、これぐらいなるんちがうか、いうて。

一同：（笑）

S：バリバリバリいうて、あの、カンカン（缶）みたいにね。なかなか、そんな。そしてねぇ、グーッと押してって、半分くらいなったから、どうだろういうたらね、六〇センチぐらいありますからね。それ、もう押していって、本体が三〇センチぐらいになったらなんとかいけるんちがうかいうて。で、今度圧力ぬいたら、またもとにもどってきちゃうんです（笑）。

このように、思いつきの方法をまず試してみるのだが、圧力を変え、圧力をかける方向を変え、といくら試しても現実にはなかなかうまくいかない。

S：二〇トンぐらいかけたら潰れちゃうで、いうたら、なかなかそんな甘いもんじゃなかったですけども。んで、急きょ、切る方法にしよか、いうて。

＊：のこぎりですか。

S：だから、のこで切ってたら、のこがもう、すぐダメになっちゃうんですよ。あっちこっちからねぇ、あの、食肉センター間のつながりがあるもんですから、そこ、どないして取ってますのん、いうて、電話、問い合わせありましたねぇ。私はのこで切っとるんですが、いうてねぇ。だから、角は切って、固いとこはのこってるわけなんですけどねぇ。（のちに、いま使用している）その刃物をこさえて、やっぱり油圧で切るんだったら、ほんなら、二トンあったらいけるかなぁ、いうて、五トンぐらいかかるんちゃうか、いやぁ、やっぱりわからんから、ほな一〇トンにしよか、いうて、一〇トンくらいのあれでいったんちゃいますかねぇ、刃物こさえて。

＊：刃物ってどんなですか。

S：こんな刃ですわ、大きな刃でね。上に油圧ポンプでギューっとしていって、この頭の下でこう。これは切れないですよね、なかなか。（切るというよりも）縦に割る、みたいな。

＊：上からおりてくるんですよね、ギロチンみたいな（笑）。それも、力をかければそれで、こぅ、横のあれを加えなくても、まっすぐでいけるんですか。

S：バリバリバリバリって、縦のほうがわれやすい。横はダメですわ（笑）いろいろ、研究の結果、そんなんこさえてね。

＊：それ、半分にしていまは、廃棄してるんですか。

S：そうです。大変ですわ。

「研究の結果」、と語られている。たしかに、これはまさしく「研究」というほかない苦労とアイデアなのだと思う。Sさんたちが、たくさんの牛の頭蓋骨を用意して、機械にかけ、何度も圧力や方向の微調整をおこなっているすがたがうかんでくる。

わたしたちはこれまで、何度も屠場の解体作業を見学させていただいている。その最中に、ある男性の作業員が、こっちこっち、と手招きして、わたしたちを場内からすこしはずれた、大きなゴミ箱が設置された場所につれていってくれた。そこにあったのがこの、まさに稼働中の「頭蓋骨割り機」だった（写真7―1）。

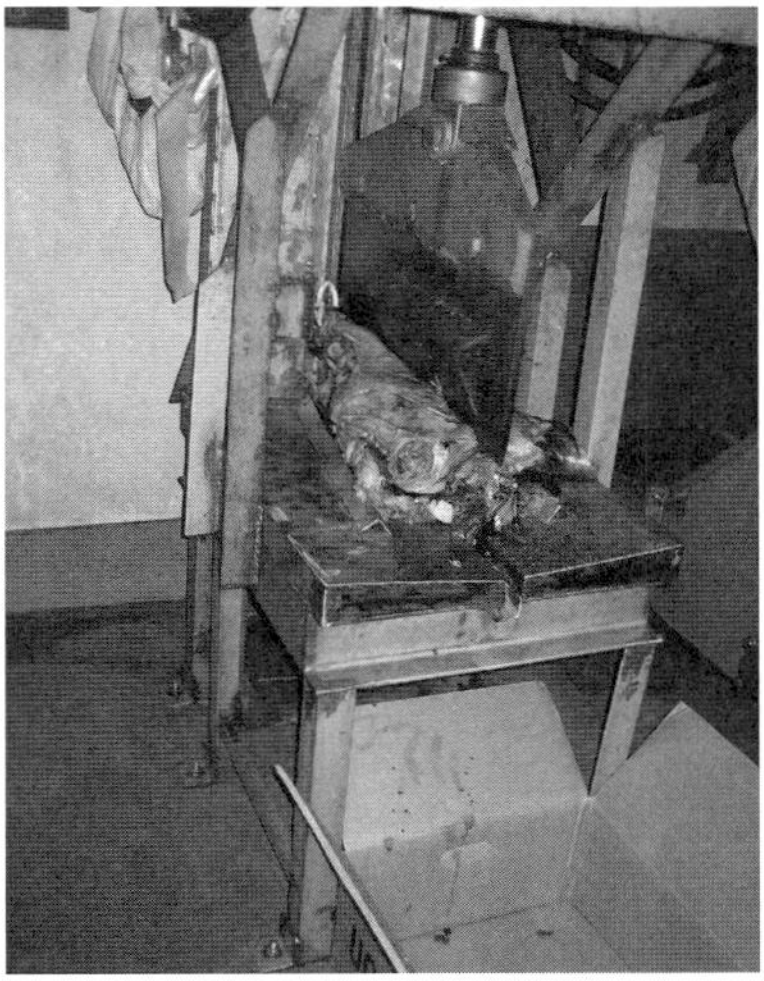

写真 7-1　頭蓋骨割り機

作業をしている人たちは、みながほぼ一様に、寡黙な人たちだ。もちろん、現場にお邪魔しているわたしたちは、文字通り「邪魔」なものでしかないことは承知のうえだし、ヘタにわたしたちにかかわるのは面倒くさいことだと思われていたとしても、じぶんでは当然のことだと思ってもいる。そんなだから、その人がみずから積極的に、わたしたちに「見せようとしているモノ」があることにおどろき、つれていってくれたのがとてもうれしかった。反対に、いつも寡黙な人がわざわざわたしたちに声をかけてまで見せたかったものがこれだ、ということに、Sさんたちの仕事の重要さがかいまみられたように思えた。

つぎに、より直截に、Sさんたちのそもそもの専門である機械まわりの仕事、とくに、解体のために使用される大がかりな機械たちとのかかわりについて見てゆくことにしよう。

「舶来モン」の憂鬱

屠場で解体のために使用されている機械のなかには、海外からの輸入品もある。一九八八（昭和六三）年、いまから二〇年近くまえにおこなわれた旧屠場からの移転にともなって、機械は一新されたが、現在までそれらの機械が買いかえられるということはなく、いまとなっては随分老朽化がすすんでいるという。もちろんほぼ毎日のようにフル稼働している機械たちなのだから、これらがいままで「もっている」ということはまずおどろくべきことだ。じっさい、年に一度は専門の業者に点検を依頼しているようだが、業者から見ても機械の状態のよさはおどろくほどなのだという。当然、それを実現するためには、きっちりとしたメンテナンスが必要になる。

たとえば、ベアリング一つとってみても、マニュアル的には「何年もつ」ということがわかっていながら、じっさいの「替え時」は、使用状況（負荷のかかり方など）によって大きく変わってくる。また、壊れてしまったときにはじめて替えるのではおそいし、そのたびにラインをとめてしまうことにもなるから、まだ「もってる」としても、替えどきを事前に判断せねばならない。これは、「経験」からでないとわからない、そのようにSさんはいう。

そうした、「替え時」を読むための経験は、日頃からの点検によってつちかわれたものだ。大きな事故がおきたことはないというが、ちいさな突発的な事故は時折あったという。しかし、それもしだいに無くなっていった。移転にともなって、まっさらのはじめて見る機械たちにまず慣れる必要があったことがなによりの原因のようだが、これも、何度もテストや試運転をくりかえすことに神経をつかってきたという。

移転によって、すべての機械があたらしくなったことも、現場にとっての一種の「危機」ではあったが、問題はほかにもあった。もう一つの問題とは、それらの機械のなかに「舶来モン」があったということ。

Ｓ：業者きてもわからへんねんからね（笑）。

＊：わからない？

Ｓ：はい。いや、業者にしたかって、じぶんとこでつくったのであれば、わかりますけれどもね。（故障をおこすのは）ほとんどがもう舶来モンですわ。ほんで、国内で製造してあれしたやつ、ついとれば、もうそんなん簡単なんです。すぐにありますからね。だけど、輸入モンはもぅ、なかなかですわ。

＊：大変なんだ、部品がなかった場合。

Ｓ：部品は全部、大概。でもぅ、ちょっとやっとれば、どこがよくわるくなるのかわかりますからね。（機械を）一つ買うよりも部品だけ買うといたほうが安くつくし。みんなもおぼえるし。何回かもう、取りかえ取りかえしとったら、そんなもん構造すぐわかりますがね、かんたんなことは。そしたら、なおしやすいし、傷むところはわかってくるし、そこがどんだけ頻度がわるうなってきたんやったら、これは交換せんとあかんいぅ分別がつくようになってきますからね、ほんま輸入モンはね。

「輸入モン」は、そもそも点検する業者さえ、その構造をすべて理解していたとはいいがたいものだったし、それにくわえ、替えの部品がかんたんに手にはいらず、故障したとしても、すぐに対応することができない。

では、「替えの部品」とは、具体的にはどのようなもので、日本のそれとはどのようにちがうのだろうか。ポイントになるのは、ミリ単位で作られたネジと、インチ単位で作られたネジとのちがいだ。

Ｓ：いやもう、全部、ふつうのミリネジがあんまりありませんからね、みなインチネジばっかしです。ネジがちがう。もうネジ山がちがいますからね。ミリネジもっていっても合いませんし、太さが第一ちがうんですよね。そうすると、それに合うやつに、みなミリネジに替えていくとかね（笑）、その、ミリ単位でつかえるもんであれば。だから結構ね、バラしてみて、なんでここにこんなもんつかってんのか、全っ然わからんのがようありますよ。そやけど、それ取ってやれば、やっぱりうまくいかないんですよね。なんでやろって、考えるけれども全然わからんの、ようけありますわ（笑）、これなんの役目してんのかなー、いうていうのがね。なんか、こまかく考えてもうほんまに丁寧に作った機械やら、（反対に）なんや大雑把なやつやら、ありますねぇ。全然サイズ合うとらへんがな、いうて（笑）。

一同：（笑）

S：ベアリングでも、サイズみなねぇ、国産とちゃうからねぇ。だからこれ、国産の、なんのベアリングに合ってるかな、いうて、計ってみたらちょっとちがうんです。合わへんのですよ。そんなん、ようけあって。ぴったし合うたやつだったら国産（のベアリングを代用品として）つかえますがな。ほんで、もう絶対番号合うってもっていったら、みな合うんですよ。でもそれハメたらガタガタになるんですねぇ。これ、なんでやろ、いうて、このサイズみな番号と一緒やのにから。

このようにして、さまざまな箇所の部品を取りはずしては図面と引きくらべたり、日本製の、比較的ちかいサイズの部品での代用を試みたりしてゆくのだが、結局、図面そのものがおかしいことに気づいてゆく。

S：なんや、図面とちごて、図面の番号にはこう書いてるけれども、じっさいについてるのは、その図面の番号どおりについてないのが結構ようけありますねぇ。

＊：ははは。それでも、うごくんですねぇ。

S：うごくんですよ。はい。だから、みな書きちがいですねぇ。もう、一回作ってもうポンってだしたら、もう、それでもう、エエような感じで。

このようにして、はからずもグローバルなかたちで流入してくる機械たちと格闘しながら、なんとかいままでメンテナンスを滞らせることなくつづけることができてきている。ここでも、しつこいうようだが、Sさんがひとり奮闘しているというよりも、おおくの人びとと、危機に対処するというきっかけをとおして、ああでもないこうでもないといいつつ、頭をひねっているすがたが思いうかぶ。

以上のように、Sさんたちは危機に対処するかたちで、みずからの仕事の範囲を、どんどんとかぎりなく広げてきた。冒頭に紹介した、彼のほんらいの専門である冷蔵庫まわりの仕事は、ここまでSさんの仕事をみてきたわたしたちには、はるか彼方のもののように思われてしまう。

たしかに、Sさん自身のパーソナリティもあるだろう。しかしそれ以上に、この屠場がおかれた状況と、その状況ゆえに内部でできあがってきた人間関係がそうさせてきた、と考えるのがただしいのではないか。つまり、つぎの語りからもうかがえるように、じつは、そうしたSさんのありかたや仕事観をつくりあげてきたものこそ、ほかならぬ屠場という仕事場だったのだ。

「細部」を維持するチームワーク

Ｓ：だけどあれやね、そんだけ人すくないでしょ、三人しかいないですもん（笑）、三人か四人ね。そやからやっぱり、チームワーク取れとれんと、なかなかうまくいかないですよね。みなが、来週の日曜日にこれやるから、ほなら、ていうとっても、それまでもたずに（機械が）ダウンすることありますもんね。つぎの日曜日に絶対しないとあかんね、いうとっても、もう、つぎの日にダメになったりするときあるからねぇ。機械って、ほんとに、わかりませんね。もつようでもたないし、もぅいつ潰れるかわからんわ、いいながらずーっともってるの、結構ありますもん。

チームワーク、という聞き慣れた言葉がいわれた。職場で大事なのは、チームワークだ、という、ただそれだけのセリフであるならば、これほど陳腐な物言いはない。だが、ここまでＳさんたちの仕事内容をくわしく見てきたわたしたちにとって、すでにそれは、ある「ふくらみ」をもった言葉であるはずだ。

さまざまな危機に対処することで広がりつづけた彼らの仕事は、当然、たんなる「やっつけ仕事」

だったわけではない。「こんなんないかなぁ」という現場の声をたんねんにひろい、それに「こんなのがあればいいんじゃない」というリアクションをかえしていく。そうしたおたがいの交通によってつくりあげられたのがチームワークであり、そのなかではぐくまれたのが彼らの仕事だったのだと思う。

S：だけどまぁ、楽しい職場ですからね。結構ねぇ、苦しいこと、ときどきおぼえてるけど、楽しいことはようおぼえてますねぇ。

＊：苦しいのは、機械がなおらないとかそういうことですか。

S：そうですね、なおればね、解決したら、それでむしろわすれちゃうんですよ（笑）、不思議とね。それが結構楽しみに変わってきたりね。結構苦しみぬいたなぁ、いいながら、いままでやったら楽しみですわ。

階段の正確な段数をいまでもしっかりおぼえていられるほどに、屠場という場の「細部」にかかわりつづけるということ。どんどん拡大してゆく仕事ではあったが、その仕事の一つひとつは、物言わぬ機械たちに身体ごと具体的にかかわることでしかなりたたない。そして、その一見「小さな」仕事が、結果的に職場全体のチームワークを下支えしているというダイナミズム。Sさんの仕事は、そのようなものなのだと思う。また、なにより、そうしたSさんのあり方を根底でなりたたせているのが、「興味」や「楽しさ」であることが、痛快ではないか。そんな風に思う。

Ｓ：楽しい面もあったけど、責任もあって、やっぱり躊躇するときもあります。だけど、やるかやらんか、どっちか一つ決めなあかんねんから、その場でね。

第8章　裏方の仕事
――職場づくりのダイナミクス――

食肉事業の歴史と現在

食肉センターという施設が、多種多様な業種のつどう仕事場であること。この点については、ここまで読みすすめてくださった読者のみなさんには、わかっていただけたのではないだろうか。

それらの業種のなかには、これまで言及してきただけでも、屠夫（仕事師、解体職人）、食肉卸業者（屠畜営業者）、内臓卸業者、豚足卸業者、畜産農家、餌屋、獣医（と畜検査員）、施設維持管理技師、センター管理者（所長、主任）などの方たちがおり、そのほかにも、化成業者、生皮処理業者（皮屋）、骨処理業者（骨屋）、油脂処理業者（油脂屋）、機械類の保守点検業者、清掃業者などをくわえることができる。

彼らは、一方で、〈食肉の安全かつ衛生的な生産ならびに安定した供給〉という公的かつ集団的な目標を共有するとともに、他方では、それぞれの業種ごとに個々別々の利害関心をもちながら、このセンターではたらいたり、あるいは、センターに出入りしたりしているのであった。

とりわけ後論との関連で興味深いのは、食肉センターの機能を考えたときに、センターの数々の業務をになう人たちのなかで、ほんらい主役といっていいはずの屠夫（解体職人）の人たちが、意外にも市の職員ではなく、それぞれが一人ひとり独立した一事業者として屠畜・解体の仕事に従事している、という事実である。

じつは、この点にこそ、日本における食肉事業の歴史と、それがこの業態にもたらしたある種の日本的特性とが凝集してあらわれているといえよう。

明治以来、食肉の生産と流通を主としてになってきたのは、いわゆる食肉問屋、すなわち今日、わたしたちが食肉卸業者と呼ぶ人たちであった。そしてその当時、じっさいに屠畜・解体をおこなう屠夫（解体職人）の人たちは、特定の食肉問屋の親方によって直接雇用されるのが一般的だった（ただし、全国的にみたときには、食肉生産の副生物である皮や脂、骨、血などをあつかう化成業者がしだいに力をつけて親方となり、なかには屠夫を雇用するケースもあった）。

そうしたなかで一つの屠場を利用している複数の親方たちのあいだでは、ある親方Ａの牛は、その親方専属の数人の屠夫だけが屠畜・解体にあたる決まりになっており、べつの親方（Ｂ、Ｃ、Ｄ……）に雇用されている屠夫たちは（親方からの許可ないし依頼がないかぎりは）けっしてその牛にさわることができない、といった慣行がつくりあげられていった。

こうした親方子方制と呼ばれる慣行は、公営屠場でも引きつづき維持・存続させられ、戦後になって（屠場によっては、屠夫組合が結成されるなどして）屠夫が親方から経済的に自立していくまでつづいた。しかし、親方から独立したとはいえ、食肉卸業者の支払う解体料から得られる収入が一頭いくらの歩合制であるために（毎日の屠畜頭数の増減がそのまま収入に反映して）、屠夫の側としては、生活の不安定さをまぬがれなかった。

そうしたなかで、屠夫の公務員化をもとめる運動やはたらきかけがさまざまなかたちでなされたが、結局、今日、屠夫を公務員として採用しているのは、東京都、大阪市、神戸市など、一握りの自治体だけというのが実状である。

そして、そうした親方子方制のなごりは、内臓の卸販売における（ときには、部位ごとにおよぶ）特定の食肉卸業者と内臓屋のあいだの取引関係にはもとよりのこと、さらに、内臓屋と骨屋、脂屋等のあいだにも引きつがれてきており、それが、この業界内に複雑な権利関係を張りめぐらせる結果となっているのは、すでにみてきたとおりである。

おそらく、こうした食肉業界の歴史をふまえることなしには、今日の屠場がおかれた現状を把握できないのはもちろん、屠場や食肉事業をめぐる国際的な状況にいたってはなおのこと十分な理解はできないだろう。そのことは、米国と日本の実状を比較するつぎのような語りからもうかがえる。

R（語り手）：そやからアメリカの、ミートパッカーというんですけどね、こういう屠畜から、カット肉の卸し販売からやってる（企業の）社長と話しとったら、「なんで、日本は、民間がせぇへんのや」と、こういう（屠畜の）仕事を。

＊（聞き手）：うんうん。

R：いや、「日本の場合は（米国とは事情が）ちがう」と、おれがいうたの（笑）。「むかしから、市町村がするもんやから、民間はせぇへんのや」と。「それ、おかしい」、そのアメリカの社長はいう。

＊：ああ、なるほど。

R：「でも、ちがうんや」と。「日本は、屠畜場だけ、その（独立した）経営や」と。「これ、採算ベースにのらへん。でも、あなたの会社は、屠畜はもとよりカットもして、スライスもやって、で、たとえば皮も、製品つくって、やって。全体を一つとして考えて、たとえば、赤字部門もありゃぁ、プラス部門あって、成り立つんでしょう」「あ、そうか、日本は、（屠場経営は）それだけ（単独）かー」「いうたら、そうや」と、「ほら、無理や」と。全部の部門について考えてやっていかな、無理です。それを、アメリカは、ああやって（成功している）。ぼくら、言うのは、屠畜だけやったら、経営は無理ですって。それを、（日本では）そういう（屠場のみの経営という）見方しかできない。

＊：うん、うんうん。日本でも、そういう（私営的な）形態ではじめれば、ちょっと話は変わってたんでしょうけど、はじめにできたときが、もぅ、公営っていうのが（原則にされていった）。

R：そやから、スポーツ用品で、ウイルソンてありますやん、あれって、もともと食肉の会社やった。それで、たとえば、お肉をつくるために皮を剥いだら、それを鞣して手袋にしよう、グローブにしよう、で、スポーツ部門にばーっといったわけで。

＊：そうですよね。日本は、ある時期、皮がすごく高い時期とかありましたでしょ。皮のほうが、肉よりちょっと高いとか、おんなしぐらいとかいうのがあって、ああいう時期に、総合的に屠場を経営しよう、つまり、その製品もすべて手中におさめてやれば、採算のあうアメリカ的なものに。

R：なったよね。

＊：一時は、なれたですよね。

R：うん、そんな発想ある会社だったら。

＊：だけども日本は、それぞれ（の部門を別個に）親方たちがにぎってたじゃないですか、一緒に手組んでやるっていう発想はなくって、だから、そういうちがいもありますよね。

なお、この会話における語り手は、この食肉センターを利用する卸業者FN社の専務さんである。彼の独特の経営戦略なり、食肉事業全体における屠畜事業の位置づけなりにかんする考え方については、あらためて最終章でみていくことにしたい。

ここではとりあえず、日本の食肉業界が、これまでの歴史的経緯もあってさまざまな業界間の利害が錯綜する場となっていることを押さえておきたい。なぜなら、わたしたちがこれからみていくように、食肉センターの仕事場自体もまた、さまざまな利害があいつどう場所であるという点で、以上の歴史とけっして無関係でないからである。

指導する

「ええ、獣医の知識だけでできる検査だけがすべての仕事やったら、まだあれなんですけど。いまの時代、業者（職人もふくむ）の指導ということがね、（仕事のなかに）はいってきますんで……」

食肉センターのとなりにある衛生検査所をたずねて、所長さんにお話をうかがったときのこと。と畜検査員の仕事のむつかしさに話題がおよんだときに、所長さんがこんなふうにいわれたのがとくに印象にのこっている。

この点については、前章のＳさんの語りを思いおこしていただきたい。例の病原性大腸菌Ｏ－１５７の集団感染が問題になったときには、職人や技師や獣医などの関係者が何度も顔をあわせては、ナイフ類の消毒や手袋の使用等をめぐって話し合いをもっていたということだった。じつはそのさいに、職人の人たちにたいして、消毒の励行や軍手着用の禁止を指導する役割をになっていたのが、衛生検査所の所長さんをはじめとする獣医（と畜検査員）の方々だったのである。

それでは、そうした指導をおこなうさいの困難さとは、いったい、どのようなところにあるのだろうか。たとえばＯ－１５７事件を契機として、ナイフ類の消毒は、一工程がおわるごとに八三度の湯に浸しておこなうことになった。所長さんは、これを例にとりながら、つぎのようにのべている。

「わたしたちは、（検査のために肝臓や心臓を）切るの、スピードもある程度かぎられてますから、わりとゆっくりでもできるんで楽なんですけど、業者さんは、つぎからつぎへくるやつをこなさんといかんので、いちいち、（ナイフや電動ノコを）消毒なんかしてられへん、というような（笑）。現実的にはね、やはり一日にこなさないといけないノルマっていうのがありますんでね。それを、できるだけ短時間に終わらしたいということになると、どうしても目に見えないところ、衛生面ていうのをカットされるいうんですかね。結局、あのう、衛生なんていいますのは、儲けには、すぐにはつながらないところなんですね（笑）。菌が、いくらいたって、肉眼で見えないですからね。それが、ついたから、つかへんから、なんやねんていう話ですわ（笑）。いや、それはちがうんやでという、そこからの話になってきますんでね。で、納得してもらってはじめて（作業の仕方も）変わっていくということですから」

たしかに、あとからあとから送られてくる牛や豚の皮を剥いたり、内臓を下ろしたり、背割りをしたりしていく作業にたいして、一工程ごとに二秒間の消毒という過程があらたにつけくわわることが、職人の人たちの身についている作業のリズムにどれほど大きな影響や支障をもたらすものであるかについては、現場の作業を見学し、また、彼らの話に耳をかたむけてきたわたしたちにとっては、それほど想像するに難くはない。じっさい、彼らが、「なんで、いちいち、じゃまくさいことせんといかんのや」と、所長さんにいいたくなる気持ちもわかる。

衛生面にかんする業者への指導のむつかしさは、こうした点に集約的にあらわれている。しかも、そういった衛生面での指導は、消毒の問題だけにとどまらず、包丁の握りの部分を木製のものから合成樹脂製のものへ切り替えるようにうながしたり、軍手の着用を禁止したりといったように、じつに細々とした事柄にたいしてもおよんでいくことになった。

じつをいえば、これらの指導は、一朝一夕に受けいれられたわけではない。結局、すべてが現在のような状態に移行して、衛生環境が十全にととのえられるにいたるまでには、一年以上の期間を要したという。

しかし、それにしても、そうした指導が結果的に受けいれられていった背景には、所長さんたちによる個々の業者へのねばりづよい説得や、業者側からの協力的な歩みよりが、ともにあったにちがいない。そしてつぎにみるように、指導する側が率先して衛生面での改善に取りくむ姿勢をみせたことも、それを可能にしたもう一つの要因ではなかっただろうか。

「最初、じぶんたちが使ぅ手袋ですよね。どれがすべらんでできるんかといぅ手袋をさがすだけで、こちらも大変やったです。手術用の手袋なんかしますと、つるつる、つるつるすべって握れないということでね。そしたらもぅ、手ぇ切りやすい、よけい危ないですしね。そういうので、まず、滑りどめのあるどの手袋やったらええんや。それから、動物性の油脂とか血液がつきますんでね、どの手袋が耐えられるんだと、そういう脂の関係に耐えられるんだとか、そういういろんな面で、手袋一つを、たとえばいま現在、わたしの使ってる手袋に決定するまでのあいだでも、一年間ぐらい、この手袋あの手袋、いろんな手袋を注文しては買って、はめてみて、いや、こらー、あかーん、あれは、あかーん、いや、こんなんがええ、あんなんがええ、そういういろんな関係で、ほんとに手袋一つでも、すごい苦労したという思いはありますね」

「それ以前までは、鉤《こう》て、こんなカギをね、検査の時に、カギをひっかけて（内臓を）ひっくりかえしたりもしてたんです。手が滑りますんで、そういう道具を使ってひっくりかえしたりするんです、固定したりね。で、そういうのを使ってたんですけれども、やはり、カギも、臓器に食いこますわけですからね、衛生的でない。で、それが使えないとなると今度は、手で握ってやらんといかんと。たとえば、豚の心臓でも、握って切らんといかん。いままでやったら、鉤ですと、こぅ長いやつでひっかけといて切りますから、手はケガしない。ところがこんど、（手を）こっちぃもってくると、こっちの（握っている）手は滑る、へたすると、手ぇ切るという。だから、こちらも、その検査を鉤を使わずにするいうので、大分しんどい思いしましたし」（写真8-1）

こうした事例について語ったあとで、所長さんは、「うちが不衛生なあつかいしとって、あんたらだけきれいにせぇというわけには、いけませんのでね、まず、こちらが一番に、見本をみせんと……」という言葉でしめくくったのだった。この言葉には、まさに、業者にたいして不自由をしいる要請をしようとするなら、そのまえに、まずはじぶんたちの管轄の範囲内にある不衛生と思われる部分を積極的に改善していく姿勢をみせなくてはならない、という指導する立場にたつ者としてのつよい信念のようなものがうかがえる。

写真 8-1　レバーの検査

そしてさらにわたしたちは、そもそもは衛生面での指導としてなされたことが、状況しだいでは、センターにおける仕事面での差配に直接かかわる指示としての実質的な意味合いを帯びてくる場合があることを、つぎの語りから知らされることになろう。ここでの特定の状況とは、BSE（牛海綿状脳症）にかんする全頭検査が義務づけられことによって生じたものである。なお、BSE検査では、頭から採取された延髄が検体となるが、検査キットの都合上、数十頭ごとにまとめておこなわれ、しかも検査自体に三、四時間を要している。

「その日、屠畜したものについては、その日のうちに（BSEのスクリーニング検査の）結果を出しなさいということになってます。肉の場合はね、冷蔵して、骨抜いていう作業がありますんで、その日に出荷するいうこと、まずないんですけれども。内臓の場合は、できるだけあたらしいものを出したいということがありますんで、だらだら仕事やられてたら、もぅ、どんどん、検査の結果がでる時間が遅くなってきます。だから、何時までに頭落としてくださいよと、ね。多くても少なくても、この時間までに、頭落としてくださいよ。（屠畜）数のすくない人も、ね、一社だけじゃないんで、いろんな人がやってますんで。うちは、二頭しかやってへんのに、なんでこんなに時間が遅いねん、という話にもなってきますしね。別の所の、多く（あつかぅ業者）の牛を、遅くだしちゃぅと……。ほんで、お互いに迷惑にもなりますんで、何時までにきちっと出してくださいよ、というのは、約束で決めさしてもろうたという経過もあります」

興味深いのは、検査所の所長さんが、作業スケジュールにかんして業者に注文をつけたり、さらには、業者間のスケジュールの調整にも関与しているという点である。そして、業者間の調整にあたっては、複数の卸業者間の調整と、卸業者と内臓屋とのあいだの調整という、同業者間のみならず異業者間におよぶ調整がともに必要になってきているのがわかる。しかもこれまで確認してきたように、卸業者と内臓屋のあいだには複雑な権利関係が存在しており、したがって、この語りのなかで示唆されている調整は、そのように錯綜する関係性のすべてを見わたしながら、さらに個々の利害を考慮しつつおこなうきわめて複雑なものとならざるをえない。

ここにいたってわたしたちはようやく、「業者の指導がむつかしい」という所長さんの言葉の意味を、わずかなりにも理解できるように思う。しかし、考えてみれば、そうした業者間の調整にまで関与するのは、あきらかに食肉衛生検査所の所長さんとしての仕事の範囲を越えてしまっている。

結局のところ、所長さんもまた、食肉センターという特有の仕事場においては、たんに衛生関係の仕事にとどまるわけにもいかず、職場の人間関係の調整に関与せざるをえなかった、ということなのかもしれない。

清掃する

食肉センターという職場の衛生面について考えるうえで見逃すことができないのは、センターの清掃業務にかかわる仕事をする人たちの存在である。

現在、センターにおける清掃の仕事は、ＳＳＫ社にたいして業務委託されている。その経緯について、社長さんはつぎのようにのべている。

「そのとき、うちのお祖父さんが（西宮食肉事業協同組合の）組合長をやってましたんで、市の方から（清掃業務にかんして）相談をもちかけられて、だから、さんざんうちの祖父も（引き受け手を）探したんですけど、やはりなり手がないんですね。特殊なあれで、きたないとか、そういうの気持ち悪いとかいうので。で、仕方なくて、うちの母を引っぱりこんで、もぅ身内しかいないからお前やれ、いうことで、それでまぁ知り合いとかを頼んで、それでそういう作業をはじめたのがもともとなんですね」

こうしたきっかけで、社長さんのお母さんがこの仕事を手がけるようになったのは、もう四〇年以上まえのこと。そして、芦原町からこの西宮浜へセンターが移転してからも、一五年ほどまえに会社を社長さんにゆずるまで、この仕事をつづけてきたという。お母さんが清掃業務につくまでは、芦原の屠場にはとくに清掃専門の人はおらず、「（仕事が終わったら、職人が）バケツで、ざーっと流してかえる」といった程度だったらしい。

社長さんは、お母さんの跡をつぐまでは市役所につとめていた。とはいえ、学生時代からずっと母親の仕事の手伝いをしてきていたし、そもそもお祖父さんが食肉卸業を営んでいた関係もあって、小さいころから屠場にも出入りしていた。

「（お祖父さんの）お手伝いにはね、どうしても引っぱり出されるんですよ。むかしは、国鉄の貨車で牛をつんできて、（その牛を）この屠殺場までつれてくるのが（仕事で）、その牛追いっていうの、ぼくはまだ小学生なんですけどね、やらされたの覚えてますね。だから、朝の四時か五時くらいに起こされて、で、大きくなってからも、そういうお手伝いをやらされてましたね。だから、もぅ、業者の人とも顔なじみで」

このように屠場の仕事や出入りの業者たちのことをよく知り、また、清掃業務についての経験もすでに豊富にもつ彼ではあったが、移転後に現在のセンターの清掃を手伝ってみたときに、「こんな、えらい仕事をやるのか」と感じたという。そして、芦原時代の業務内容と比較して、「もぅ、（清掃範囲の広がりと、清掃の細かさからして）雲泥の差ですね」と表現した。

さて、現在の食肉センターにおける清掃業務は、基本的には、毎日おこなわれる通常業務と、定期ないし不定期業務にわかれており、それを六人体勢でおこなっている。

毎日の通常業務は、始業と同時に、牛や豚の屠畜・解体作業を追いかけるように、あるいは業者の仕事のあいまを縫ったり、それが終わるのを待ったりしながら、手分けをしておこなわれる。その意味で、つねに各業者の仕事のはかどり具合をにらみながら、業務がおこなわれていっているといってよい。

ところで、通常業務は、よごれの程度や質におうじて、洗浄機とホース、そして水と湯を組みあわせておこなわれる。たとえば、係留所の清掃の場合。

「本当は湯がいいんですけど、ま、費用の面とかでてきますからね、ここは水で、四、五年前から、木酢液を何パーセントか入れるようにして、いまは流してますね。ま、当日の汚れですから、糞にしても、そんなにへばりついて固くなることはないですから、洗浄機の普通の水圧で流れます。こするのは、壁ですね。壁も糞がつくんですけど、どうしても落ちなくて、で、定期的にせっけんとたわしで手作業でおとしてますね」

わたしたちが場内を見学させていただいていたとき、係留所のブースのなかで、一人黙々と糞を流す作業をつづけていた老人のシルエットがよみがえる。現在の作業員はみな、すでに定年退職した高齢の方だときいた。「ほんとは、若い子がいいんですけどね」という社長さんのつぶやきには、若者をリクルートすることの困難さがにじんでいた。

さて、屠室や解体作業場の清掃となると、血液や脂分が主となるので、汚れはいっそう落ちにくくなる。わたしは、当然、化学的な薬剤ないし洗浄液をもちいているものと思って尋ねてみたのだが、意外なことに、返ってきたこたえは、「薬剤とか、そういうのは一切使わないんです、お湯か水だけですね」というものだった。そこでは汚れの性質ごとに、洗浄機とホースが効果的に使いわけられていた。

「洗浄機は、ライフル銃のように長くて、手元で水圧を調節できて、自動車を洗車するときに、ぽわーっと噴出して洗う、ああいう感じだと思っていただいたら結構です。屠殺現場は、血とかが、すごいんですよね。血が、たとえば壁とかに飛んで、凝固してしまってますからね、どうしても落ちにくい。それを、洗浄機でやると、当たった瞬間にすぐおちます。それから、血を流したあとの、白い膜なんかもよくつくんですけどね、そういう膜類も、洗浄機で流しおとさないとだめですし……。でも、ホースの方が、いい場合もあるんです。血の固まりができているような場合は、それを洗浄機でやると、跳ねあげてよけい飛びちる。そういうところは、ホースで流してやる。それから、(解体の)作業台なんかでも、脂がへばりつくんですよね。そういう脂は、お湯のホースでないとなかなかはなれにくい面もありますし」

しかし、こういう日常の清掃だけではまだまだ十分ではない。ステンレスの作業台や水槽、各種コンベアなどは、時間がたつとしだいに黒ずんでくるという。そうなると、また、係留所の壁の場合と同様に、定期的に除去作業をすることになる。

「毎日やってても、こびりついた脂のよごれが完全におちてなくて、結局、手作業でないととれないんですね。何カ月に一回か、やはり人間の手で、次亜塩素酸での消毒を兼ねて、たわしとせっけんで、こぅ、磨かないと……。その作業は、やはり時間がかかるみたいですねぇ。一回、その人がはじめると、何時間単位でやってます」

そしてさらに、定期・不定期の作業のなかには、枝肉を保管しておく冷蔵庫(予冷室・本冷室)の清掃もはいってくるという。じつは、この清掃作業の時期をめぐっては、冷蔵庫を利用する卸業者とのあいだで、つぎのような調整がなされている。

「（牛の）枝肉を一日寝かすのが予冷室で、つぎの日に本冷室に移すのが（卸業者の）業務なんです。で、移し替えるのが、ほんとは原則なんですけど、やっぱり、本冷がいっぱいとかで、なかなか空かなくて、（枝肉がしばしば）はいってますね。（市との）契約では、予冷室の清掃は、週一回なんです。ですから、もぅ、約束事で、週一回、月曜日七時半に、（かならず）空けてもらうように（してもらった）……。本冷室は、もっと空かないんです。で、お盆とか、正月前とか、正月明けなんかの連休のとき、そういうのを見はからって（空けてもらって清掃します）。何日にするか、（業者と）それを話し合って……」

こうした約束事や話し合いは、一見したところ、清掃業者の側からじぶんたちの作業を円滑にすすめるためにおこなわれた提案とみえなくもない。しかし、冷蔵庫利用にかんする一定のルールをつくりあげたという点では、食肉センターの衛生環境を向上させる職場づくりに貢献するはたらきかけであったということもできるだろう。

とはいえ、センターの清掃業務に固有のジレンマがあるのも事実である。その点について、社長さんはこういっていた。

「（衛生上は）次亜塩素酸をもっとつかいたいんですよ。でも、オゾン層破壊の影響もでてきますんで、個人的には極力、次亜塩素酸を抑えろっていってるんです。それから、湯も、使わずにすむところは使わないようにしています。ボイラーを炊きますから、重油・軽油系統をつかいますからね。でも、かなしいかな、脂をともなったよごれは、ぬるいお湯とか水では取れないんですよね。取れたとしても、じーっとこぅ、その場所に固定して、ずーっとやらないといけなくて。それよりは、もぅ思い切って、熱い（八〇度から九〇度ぐらいの）お湯で、さーっと流した方が、時間的にも、水道料金的にも、安くすむという判断で（使っています）。ま、むつかしいところで、きれいにしよう思ったら、お湯とか水とかを、使えばつかうほどきれいになるんですけどね、その兼ね合いがむつかしいんですよね。使えばつかうほど、そういう経費がいりますから」

たしかに、いまはまさに、食肉センターの赤字経営が議会で問題化され、センターの運営経費のなかで、業務委託費や光熱水費の削減が叫ばれているときである。そして、「西宮市食肉センター検討委員会」の提言書の期限がちかづいてあらたな動きもみられ、そのなかで複数の随意契約（清掃業務もその一つ）の見直しがすすめられているともきく。さらには、高齢者中心の作業体勢にたいする批判が、以前からあったことも否定できない。

その意味で、現在、センターの清掃態勢は、大きな転機をむかえつつある。

第Ⅴ部　明日の屠場

第9章 「屋根」という境界

「わたし」の違和感から

屠場という場所、屠殺という仕事……、振りかえってってみれば、小学生のころ、帰り道をおおきく迂回して、自宅とは反対方向の谷間にあるちいさな屠殺場を見にいったかすかな記憶がわたしのなかにはある。しかしそれ以外には、こうした現場や仕事に接したことはなかった。牛肉がまだまだ「ごちそう」であったころも、牛丼専門の全国チェーン店で牛丼に喰らいついているときも、BSE（牛海綿状脳症）が問題になったときも、とくに気にとめてはいなかった。だからかもしれないが、そんなじぶんにとって、今回のインタビュー調査で語られた世界は新鮮であり、また、魅力的で豊かなものだった。それに、牛や豚を屠殺する技にかかわる人びとの技術は、これぞ「プロ」と呼ぶにふさわしくかっこよかった。

ところが、白衣に身をまとった衛生検査所の獣医さんたちの話をきいていたときのこと。わたしは、なんともいいようのない違和感をおぼえたのだった。その違和は、「動物が好きだから獣医になったのに、屠場ではたらいているじぶん」を複雑な面持ちで、ボツボツとことばを繋ぎながら語ってくれた、そのときの彼らと屠場とのあいだにある距離感がもたらしたものであり、ＢＳＥ対策のために現場に張りつきながら、脊髄を抜き取る機器の操作を屠夫さんからぎこちなさげに習っている彼らのすがたともかさなっていた。

あるいは、調査者として屠場のなかにもっと深くはいりこむことによって、そこでの仕事についてできるだけ客観的に記述することもできたかもしれない。でもわたしは、じぶんの感じたそうした違和感にこだわってみたかった。なぜなら、獣医さんがじぶんたちの仕事に感じている距離感は、けっして彼らだけのものではなく、屠場の対岸にあって、屠殺の現場からとおくはなれて生活しているわたしたちの存在自体を照らしだしているように感じられたからである。

この距離感を、いったいどう表現することができるのか。

そんなふうに考えていたときに目にしたのが、屠場の搬入口（ストックヤード）にかけられた「屋根」であった（写真９−１）。上からみるとたしかに「覆い」である。しかし、下から見上げるとその隙間から空が広がっていた（写真９−２）。これは、おどろきだった。それは、わたしたちと屠場のあいだに横たわっているこの距離感が、どのようにして生みだされてきたのかを、この「屋根」という仕掛けをつうじて考えてみたいと思った瞬間でもあった。

写真 9-1　屋根と住宅

写真 9-2　見あげた屋根

ここで「屋根」とは、屠場を問題化（＝距離化）するまなざしについての比喩であると同時に、そうした問題が存在していることにたいして、屠場の対岸で生活しているわたしたちが直視せずにすむようにはりめぐらす「覆い」の比喩であるといえるだろう。

屠場の歴史とまなざしの変化――公衆衛生の浸透と機械化の進展

日本において肉食が「解禁」されたのは、明治にはいり近代の黎明をむかえた一八七一（明治四）年のことである。政府は、西欧列強との外交のためフランス料理を宮中の正式料理に採用した。そして、一八七二（明治五）年、明治天皇が国民に肉食をうながすため宮中でみずから牛肉料理をたべてから、文明開化のシンボルとして牛鍋屋が大繁盛した。さらに、大正時代になると洋風文化の大衆化が進んだ。

しかし、日本における国民一人あたりの牛肉の消費量に大きな変化があらわれるのは戦後になってからである。所得が増えれば肉類の消費も増えるといわれるように、一九五五（昭和三〇）年度には一・二キログラムであった牛肉の消費量は、一九七〇（昭和四五）年度には二・一キログラムと約二倍に、そして一九八〇（昭和五五）年度は三・五キログラムと約三倍へと高度経済成長期をつうじ増加する。さらに一九九一（平成三）年、牛肉の輸入が自由化されたことをきっかけに牛肉の価格が一気に下がったこともあって、二〇〇二（平成一四）年度には、一人当たりの牛肉の消費量が六・四キログラムとなり、ここ五〇年間でみると約五倍近くに増加したことになる。すでに牛肉は、わたしたちの身近な食材として日々の食卓を飾るようになっている。

そして、この間にわたしたちは、一九九六年にはO－157の集団感染事件、二〇〇一年にはBSE問題の発生、そしてさらに牛肉産地偽装事件などを経験することになる。それでは、わたしたちの社会は「安心で安全な肉」を供給するために、これまでいったいどのような対策や制度を用意してきたのだろうか。この問いにこたえることは、じつはわたしたちがこれまで屠場をどのような存在としてとらえてきたかという、いわばわが国における屠場の歴史をあきらかにしていくことにほかならない。

西宮市食肉センターの前身である芝村屠場は、一九一七（大正六）年四月、武庫郡芝村の村営施設として設置された。そして、一六年後の一九三三（昭和八）年には芝村と西宮市との合併によりその運営は西宮市に引きつがれている。

屠場は、衛生上の問題と食肉の公正取引を確保する観点から、一九〇六（明治三九）年に施行された屠場法によって、長く公的機関によって設置、運営がなされてきた。しかし戦後になり、一九五三（昭和二八）年のと畜場法の成立後、自治体の関与が必要でなくなると、大手食品企業が公営施設の経営を肩代わりするケースなど、民営施設も数をふやした。しかし兵庫県内では、現在でも西宮市をはじめ七つの自治体が公営によって施設を運営している。

戦後には、増大する食肉需要に対応して食肉流通の合理化と近代化がいっそう強力に推し進められていくことになる。職人が、自分の包丁一本で捌いていた時代はしだいに過去のものとなり、職人の出番がすくなくなる一方で、素人でも仕事ができるような高度に機械化されたシステムがそれに代わっていく。公衆衛生の見地から必要な規則が強化され、国民の健康管理をはかるための制度化もすすんでいった。

そうしたなかで、「と畜場法」という表記に端的に象徴されているように、「屠」という漢字が「と」というひらがなに置き換えられることによって、「屠る」という仕事の本質もまた隠蔽されていく。じつは、のちにみるように、「と畜場」をさらに「食肉センター」へと言い換えていった国家の政策も、そうした流れに掉さすものにほかならない。そして、こうした一連の変化のなかで、屠夫、仕事師などとよばれる職人たちの世界もしだいに変わらざるをえなかった。

『おーい』いうたら、『ホルモン取りにこい』いうて、バケツもっていって。ほんで昼のおかず作るんです。掃除して、切って、炊いて、うどん買うてきて入れたりして、ホルモン鍋みたいやね」
『たまには牛食べたいな』とかいいながらね。ハラミとかハツをもろて、バーっと皆切って、コンロね、あれ据えて、用意して、みんなが仕事終わったら一緒にたべるよう準備しとくんです」

と、笑みをうかべながら懐かしそうに語られる、かつての職場にあった仕事のあとの「楽しみ」。こうした息抜きや交流の場も、公衆衛生観念の発達にともなう「清潔であれ」という価値観や考え方の浸透とともに消えていかざるをえなった。

その後も、O-157やBSEが「食の安全」を脅かす社会問題として取りあげられるたびにあらたな規制がもうけられ、いっそうの設備投資が求められる。二〇〇一（平成一三）年九月に国内初のBSEの発生があきらかになると、屠畜情報カードや家畜個体識別センターへの通報体制を整えて、牛肉のトレーサビリティを可能にするなど、牛肉の安全と安心を確保するためのシステムの導入が急ピッチで整備されていった。

都市化と環境問題の発生――突然の「迷惑施設」化

牛肉の消費量が大きく伸びはじめつつあった一九六四（昭和三九）年、市営屠場は、「西宮市食肉センター」に名称を変更する。名称の変更にあわせ設備の近代化がすすむとともに、処理頭数も大幅に増加している。そして、阪神間地域で牛肉にくわえてブタ肉を安定的に供給する拠点としての役割をになうようになる。しかし、その当時、施設の周辺はまだ田んぼや畑が広がっていて、

「あのころは、貨車に牛乗せてきて。いま、JR西宮駅の東側行ったら、こう、スロープあるでしょ、ずーっと。こどものころ、夕方に貨車がついたら、その牛をロープで屠場んとこまで引っ

ぱっていってたん」

というような光景が日常的にみうけられた。

当時、四ヵ所あった門のうち三ヵ所は開けっぱなしにされていて、だまっていても丸見えの状態だったといい、自転車が日常的に施設の横をとおりぬけたりしていた。塀が低かったこともあって、路線バスに乗っていても、なかがよく見えたという。

しかし、都市化の進展とともにしだいにその風景も一変していく。屠場が小学校の通学路にあたるようになったり、墓地や畑しかなかったところにマンションが立ちはじめるなど周辺地域の開発がすすむにつれて、ブタの鳴き声や廃水処理にかんする苦情がよせられるようになった。施設や地域の環境改善を求める声がだんだんきかれるようになり、一九八八（昭和六三）年、国の地域改善事業による助成をうけるかたちで、施設は埋立地（西宮浜）にある産業団地に移転することになる。移転の目的は、老朽化した施設をあたらしくし、処理能力を増強して効率化をいっそう追求することにあったが、同時に、上記のような環境問題への配慮もあった。

このようにして、一九一七（大正六）年にはじまって以来、その収入によって地域社会を潤すいわば村の財産だった屠場は、都市化と環境問題という二つの社会現象を契機として、しだいに地元との結びつきを薄めていくことになった。そして、その結果として、多くの市民にとっては、いったいどこで屠畜がおこなわれているのかさえわからないような今日的状況が生みだされたのである。

そんななかで一九九五（平成七）年一月一七日の早朝、阪神間地域に未曾有の被害をもたらした阪神淡路大震災は、食肉センターにたいする周辺からのまなざしに、さらに大きな転機をもたらした。

移転した当初、産業団地内に住宅が建てられるなどとは、だれも想像しなかったにちがいない。ところが、現在、片側二車線の道路をへだてた向かい側に、まるで施設を見下ろすかのように、高層の集合住宅群が立ちならんでいる。震災による超法規的な措置として、本来、建てられるはずのない住宅が、食肉センターの目と鼻のさきに「ワープ」してきたのだった。ここにいたって食肉センターは、唐突にも、ふたたび臭気や騒音を発する「迷惑」な施設として近隣住民のまなざしをあびることになった。

これにたいしてセンターとしては、国からの助成金をえて、従来のフィルター式脱臭装置に代えて最新鋭のオゾン式脱臭装置を設置したり、臭気をシャットアウトする高速シャッターを導入したりする一方で、搬入されてくる牛やブタが外から丸見えにならないような策を講じていく。さきにのべた「屋根」も、このとき突然現れた隣人のクレームへの対応として設置されたものであった。

それらは、「目のまえに住宅さえなければそこまでしなくてもいいのに」と思うような大規模な施設である。これらの設置のために、特別会計から一億数千万円が支出され、さらに維持や補修のために年間数百万円が投じられており、その負担は施設の経営に重くのしかかっている。

財政問題としての屠場問題――屠場の公共性とは

これまでみてきたように、食肉センターをめぐる諸問題は、公衆衛生思想の浸透や、機械化や合理化の要請、さらには都市化にともなう環境問題の発生、あるいは震災という自然災害などによって引きおこされた社会変化に対応するなかで生みだされてきたといえる。

そして、これらの諸問題のいずれもが、食肉センターの管理・運営のためのコストを引きあげる要因となっていることは、もはや多言を要さないだろう。

それは、BSE問題一つをとってみてもあきらかである。たとえば、脊髄が解体中に飛びちらないよう、牛の胴体に首からチューブを差しこんで吸いとる脊髄吸引除去装置があらたに導入されるとともに、検査のための設備や態勢をととのえる必要がでてくる。さらには、頭部をはじめとする危険な部位を産業廃棄物として処理するための費用もかさむ。このように近代技術によって囲まれ「施設化」されていくなかで、食肉センターの高コスト体制が形成されてきた。

おりしも、西宮市議会において、食肉センターの存在意義があらためて問われることになった。新設移転するさいにセンターの収支均衡を図ることが方針として打ちだされていたにもかかわらず、一般会計からの多額の繰り入れがつづいていることが、議会で指摘されたためだ。

そこで二〇〇三（平成一五）年、あらたに学識経験者三名、経営コンサルタント一名、食品流通関係者二名に市内の企業で取締役をつとめる委員一名の計七名を委員とする「西宮市食肉センター検討委員会（以下、検討委員会という）」が設置されることになった。その経緯については、すでに第五章でふれたとおりである。

まず、そこでの議論をかんたんに振りかえっておこう。

検討委員会における最大の論点は、「（食肉センターが）赤字であっても提供しつづけなければならない施設であるかどうか」を検討する点にあった。

以下では、検討委員会が二〇〇四（平成一六）年三月にまとめた「西宮市食肉センター検討委員会提言書」（以下、「提言書」という）をもとに、施設の存在する意義とその判断基準をめぐる討議がいかに了解されていったのかに焦点をあてていく。

これまで市は、食肉センターが存在する意義を「阪神間への食肉供給の基地としての役割」と「地場産業としての役割」をになう点にみとめてきた。しかし検討委員会では、市内に「畜産農家が存在しないことから、畜産農家の育成という観点を考慮する必要はなくなってきている」現在、「食品業界に不安や不祥事が生じている昨今では、「安全で安心できる」と畜場の維持はそれ自体貴重なことではある」が、「そのことをもって「地場産業」の育成の対象と見なすわけにはいかない」と施設のもつ意義に疑問をなげかけた。そして、食肉は「一般的な」財であって直接死活にかかわるわる下水道事業などとはことなり、赤字であってもサービスの供給をしつづけるほどの必要性は存在しないと指摘するのである。

このように検討委員会における議論は、主として経営技術的な観点からおこなわれており、食肉センターの生成と展開にどのような歴史的経緯があったのか、現状をみちびいた責任の所在はどこにあるのか、といった多様な解釈が成りたつ議論については、配慮すべき問題として記述するにとどまった。そして、センターの必要性はあくまでも市場ベースにおいて判断されるべきとの立場にたって、すでにみたような⑴県への事業主体の移管、それが困難な場合は、⑵完全民営化への移行、それも無理であれば、⑶閉鎖という結論にたっしていた。

検討委員会の議論への批判

一方、施設を利用している卸業者でつくられる西宮食肉事業協同組合は、検討委員会にたいして『西宮市食肉センター　市直営存続のための改善案』（以下、『改善案』という）を提出し、市の直営による運営形態の継続を訴えた。

『改善案』では、①食肉センター運営費の繰入金と取扱実践頭数を他市のセンターと比較したとき運営状況が良好であり、施設の水道料金を半額負担から全額負担に改定することによって、さらなる改善がのぞまれること、②処理頭数が兵庫県内で最も多く、九〇パーセントを超える稼働率は他市に比類なく阪神間の食肉供給に寄与しているだけでなく、年間の処理頭数は西宮市の年間消費量に相当すること、そして、③使用量収入は、移転後の一五年間で約一・八倍に増加していることが具体的な数値とともに示されている。

そのうえで、赤字をうみだしているのは、積極的な運営の改善をおこなってこなかった市の対応にあり、それも慣例的な委託業務契約を競争入札や自前の運営にすれば赤字額を大幅に圧縮することが可能であると対案を示している。

しかし、こうした提案が議論された形跡を「提言書」のなかに読みとることはできない。『改善案』の作成にかかわった組合のメンバーは、

「自分でね、資料つくれるぐらい、調べたらどうってなるんです。自分で一回調べてみたらって」

「(センターの) 現場を見にきてね、ほんなら、すぐわかるんちがうかって。経理も自分で全部調べはったらええ」

と、納得のいかない思いを吐露していた。

県や市が本来住宅の建つはずのない商業地に建設を決めたのにもかかわらず、年間一〇〇〇万円ちかくにのぼる臭気対策費がセンターの費用として計上されていること、さらには、多くの屠場施設が公によって運営されてきたために自治体による助成を前提に費用が計上され、価格に転嫁されるかたちで食肉の相場が形成されてきたことを考えあわせるとき、その判断は、歴史的・構造的な背景にま

で踏みこまざるをえない。だからこそ、組合側は市の資料による議論だけでなく、運営の実態や現状を調査することで無駄な経費が支出されていることに気づくべきだと訴えていたのだが、「提言書」において、そうした赤字の歴史的構造的原因が明らかにされることはなかった。

ところで、わたしは、人口約七万人の田舎まちで育った。いまから二〇年ほどまえまでは、豚舎や鶏舎が住宅地の風景に溶けこんでいたように記憶する。小学校に通っていたころ、畜産農家の息子とは友人だった。また、牛を飼っている遠い親戚の家にもよく遊びにいっていた。

しかし、はじめて大手ハンバーガーチェーン店が拡張整備された国道沿いにできはじめたころからだと思う。風景は大きな変貌を遂げ、友だちの家は引越し、施設のあったもとの場所には、いま、あたらしい住宅が軒をつらねている。

産地や「生産者の顔」が消費者にわかるよう工夫された売り場づくりが目をひく、郊外型のスーパーマーケット。でも、プラスチック製のトレーに見栄えよくととのえられた肉を、賞味期限を一瞥しただけで買いもとめると、そそくさと家路を急ぐ人たち。しかし、

「（移転前の）あのころが懐かしいなんて言うてたらあれかも分からんけど、けっこう気楽にやれてたから。ここみたいなしんどい目せんで」

「ここはしんどいです。苦情は来るしね。やっぱりこれから（夏場に向かって）においの問題とか

（でてきて）、することはいっぱいあるから」

といいながら、食の安全性を確保するために、かぎられた条件のなかで尽力している人たちの苦労など知るよしもない。

屠場は、公衆衛生、都市化による地域改善、震災への対応と、いずれも「公益性」の名のもとに問題の対象とされつづけてきた。そして、仕事の楽しみや地域とのつながりがそれによって薄められる一方で、経営問題をうみだすようなあらたな要因を抱えこんできた。いや、抱えこまされてきたと表現すべきなのかもしれない。これこそが、ほんらい配慮されてしかるべき「歴史的な経緯」だったはずだ。にもかかわらず、いま、屠場は、経営技術的な論理のみにみちびかれた「提言書」によって、その「公益性」が問われようとしている。

境界を越えて

食肉センターにかんする公益性の有無。その判断根拠として示されていたのは、施設が地場産業としての役割をになっているかどうかという点だった。

しかし、そのことと、そもそも屠場経営が、被差別部落の産業としてはじまったこと、またそれが、きつい、きたない、危険な労働であり、環境面における公害発生源としての性格をそなえていたことが差別意識を助長する要因になってきたこと、そして、こうした人たちが高度成長期以降の増大する食肉需要をささえてきた事実とは、いったい、どのように関連づけることができるのだろうか。

また、「できたお肉を食べている人たちは西宮市民ではない」という指摘が議会でも頻繁になされたが、機械設備が良く質の高い処理がおこなわれる屠場から枝肉の供給を安定的にうけている大手食品企業が、雇用や税収面で市に貢献していることは、いったい、どう評価できるのか。

多様な解釈が成りたつこれらの課題に応えるためには、あるべき姿（食肉センターの民営化）から議論を出発させるのではなく、まず、そのあるべき姿とはなにか、が問われなければならない。

その点で、組合が提起した『改善案』は、食肉センターを存亡の危機に立たせることをさけるとともに、現実的な運営改善案を提起している点で、いまからでも十分に検討する余地があるのではないだろうか。

食肉センター係留所の入口にもうけられた特殊な「屋根」。

空の見える、隙間があいた「屋根」は、一方で、ワープしてきた隣人たちから場内が見えないように、そして他方では、動物たちの放つ熱気や湿気がこもってしまわないよう工夫されている。それは、かぎられた予算のなかで試行錯誤を繰りかえしながらようやく完成された、食肉センターではたらく人びととわたしたちを画するための一種の「覆い」であった。

わたしにはそれが、これまでみてきたような屠場のかかえる諸問題と、そのはるか対岸にあって「安全でおいしいお肉を食べたい」と欲しつつ涼しい顔で生活しているわたしたちとの関係を模しているように思われてならないのである。

「覆っておきたい」と思う人びとの気持ちにたいして配慮をしながらも、できることならその覆いを突きぬけていきたいという、この境界にむけられた現場の人たちの熱き思いを、この「屋根」一つから読みとることは、はたして、わたしのたんなる思いいれにすぎないのだろうか。もしも、そうでないならば、その応答責任をはたすことが、いま、対岸にいるわたしたちに求められているにちがいない。

第10章　食肉センターの将来展望

運営管理の民間委託化への動き

二〇〇七年の師走。年の瀬から正月にかけては食肉の需要が高まり、一年のなかでも屠畜頭数がぐっとふえるとき。ただでさえあわただしいこの時期に、食肉センターにおいては、まさしく風雲急を告げる局面が到来していた。

ある日、食肉事業協同組合の理事長ご夫妻に、本書に収録する原稿にチェックをいれていただいていたときのこと。理事長さんより、「まだ公に発表されていないのに、もう新聞の記事になってしまったんだけど……」という前置きのあと、市と組合のあいだで、二〇〇八年度からむこう三年間、指定管理者制度をもちいてこの食肉センターの管理・運営をおこなっていくことについて、ほぼ合意ができた旨のお話があった。

二〇〇三年の地方自治法改正によって、公共施設の管理・運営を民間の団体や企業に委託できるようになり、これにより地方自治体は、一定程度の財政負担の削減を期待できるようになった。指定管理者制度とは、それにともない導入された制度である。

西宮市でもこれをうけて、すでに駐輪場や市民ホール、地区の市民会館、市のスポーツ施設、老人福祉センターなどに指定管理者制度を導入している。したがって、市が食肉センターの赤字対策としてこの制度をもちいるのは、ある意味で予想されたことだった。

今回の合意によれば、組合の設立した管理会社が、指定管理者に選定されて食肉センター施設を管理することになる。なお、新たな管理会社が請け負う仕事は、現在委託契約されている施設運転管理業務や清掃業務などの五業務からはじめて、最終的には業務全般と使用料の徴収事務までふくむことになるという。

このように食肉センターの運営方式を、これまでの市直営から民間委託へ切り替えていこうとする動きの背景には、二〇〇四年三月に提出された「西宮市食肉センター検討委員会提言書」における「起債償還が終了する平成19年度を目途に完全民営化する」という提言（くわしくは、第5章と第9章を参照のこと）があった。

ただし、民営化への移行という点にかんしては、四年にわたる市と組合との協議のなかでも、まだまだ合意にはほど遠い状況だという。指定管理者制度による三年間が終了したあとの運営管理形態については、両者による今後のさらなる協議にゆだねられることになる。

新資料のインパクト

さらに、その日、わたしは理事長さんから、ある調査会社の作成した資料を手渡されたのだった。表紙には「西宮市食肉センターによる経済効果に関する調査業務　中間報告書」とある。

ざっと目をとおしてみて、わたしは思わず、「これは！」と声をあげてしまった。

なぜなら、市からの委託のもとに実施され、数週間前（二〇〇七年一一月）に提出されたばかりだというこの報告書の内容は、文字どおり食肉センターが市内で営業していることによって生じるさまざまな経済効果を分析したものであり、じつは、さきの検討委員会においても、こうした分析の必要性が指摘されていたにもかかわらず、結局、時間等の制約のためそれ以上の議論はなされず、懸案のままにとめおかれていたものだったからである。

この報告書の結論部分は、「中間報告」であるという点を割りびいても十分検討にあたいするものなので、以下で簡単に紹介しておこう。

この報告書の興味深いところは、まず、センターが西宮市に立地するがゆえの「税収の増加」額が調査されている点である。これは、主要な仕入れ業者（＝卸先の業者）や出入り業者（＝卸業者や皮や脂や骨等の処理業者）が市に納入している税金（法人市民税、事業所税、固定資産税・都市計画税等）や、それらの企業の市内在住社員の納付している税金の額を、各業者にたいするアンケート調査をもとに算出したものであり、それによれば、「税収の増加」額は、約四億円となっている。

さらに、この報告書では、センターが営業していることから生ずる西宮市内への「経済波及効果」額も推計されている。ここで「経済波及効果」とは、センターで食肉が生産されていることによって誘発される他の産業やサービスの額と、それらの部門ではたらく人たちに支払われた賃金の一部が消費にまわることによってあらたに誘発された商品やサービスの供給額とを合計したものである。これらをもとにしてみちびきだされた食肉センターの「経済効果」額は、二二・六億円とされている。

さて、それでは、これらの分析結果は、これからの食肉センターのあり方を考えていくうえで、どのような意味をもっているのだろうか。

第一に、この報告書がもたらしたインパクトの大きさは、むしろここ数週間、わたしたちの出会う食肉センター関係者が、口々にこの報告書の内容に言及していたという事実のうちにうかがえるように思う。つまり、この報告書は、「提言書」がそうであったのとはまったくべつの意味においてではあるが、同様に関係者のあいだにおおきな波紋をよびおこしているのである。

そして第二に指摘できるのは、この報告書の呈示するあらたなデータが、食肉センター検討委員会の作成した「提言書」にたいし、一定の見直しを要請している点である。そこでわたしたちは、まず、食肉センターの経営形態にかんして市直営から完全民営化への移行を提案していた当の「提言書」がどのような立論をたてていたかを、以下の引用をもとに確認しておきたい。

「西宮市食肉センター特別会計の平成14年度収支状況については、一般会計からの繰入金が約3億7千万円であり、施設建設費償還金である公債費が約2億7百万円であるので、運営管理費に約1億6千3百万円を繰入れている。……平成19年度まで続く公債費による繰入金は、昭和63年の建設費用の後払いと考えられるのでやむをえないが、運営管理費への一般会計からの繰入金については解消することが必要である。……西宮市が食肉センターのサービス供給を行う必要性があるかどうかは、現時点では市場ベースに基づいて判断されるべきである。多額の繰入金を投入している現状は、市議会によっても市民によっても受け入れられることはない。したがって、市直営による当センターの存続は困難と考えられる」

こうした議論をたどっていくかぎり、そこには、「センターの運営管理費にたいする一般会計からの繰入金」＝「市財政における赤字額」＝「税金の無駄づかい」といった論理が、自明の前提とされているようにみえる。ところが、さきの報告書があきらかにしていたのは、そうした一般会計からの繰入金額をはるかに超える額の税収と経済効果を、食肉センターが毎年うみだしているという事実であった。

このことは、検討委員会が完全民営化案を提言するさいにもちだしていた論拠、すなわち、「市場ベースに基づいた判断」をおこなうことが、意外にも、「提言書」とはまったく正反対の結論をみちびく可能性もありえたことを示唆していよう。

さらに第三として、現在、市が計画している公設民営化案もまた、再検討をせまられることになるだろう。なぜなら組合は、指定管理者制度が適用されて三年後には収支均衡へ近づけられるという市側の予測にたいしてはきわめて慎重な姿勢をみせており、現在のところセンターの公設民営化の提案に難色をしめしているからである。

「提言書」の〈意図せざる効果〉

このような理由により、現在、組合員のあいだからは、さきの検討委員会の「提言書」自体を白紙にもどす、ないしは根本的に見直すべきだという声があがっている。じっさいわたし自身も、市議会で食肉センター問題が追及されるようになった当時の政治的背景や、民営化案の論拠となっていた「税金の無駄づかい」論が今回の報告書によって根底からくつがえされようとしている点、さらには、検討委員会委員のなかに食肉事業についての知識をもった専門家がはいっていなかったことなどを考えあわせれば、そうした「提言書」見直し論にくみする者の一人である。

しかしその一方で、こうした一連の出来事を振りかえってみたときに、現時点から「提言書」を批判するだけではさらに事の本質を見誤ってしまうのではないかという恐れも、同時に抱かざるをえない。なぜなら、「提言書」の内容には議論が不十分な点や論拠があいまいな点などおおくの問題点が見受けられたとしても、二〇〇四年春にこの「提言書」が提出されたことをきっかけに、食肉センターの将来構想をめぐって状況がおおきくうごきだしたのは否定しようのない事実だからである。その意味では、検討委員会は、その設置した側の意図とはことなったかたちでではあったけれども、やはり食肉センターの今後を展望していくうえで重要な役割をはたしたといえる。

それでは、検討委員会とその「提言書」のもたらした衝撃とその波紋により、あらたにうみだされた可能性とはいったいなんだったのか。三年間の調査をつうじてわたしたちが感じとってきたところを、最後に簡単にまとめておきたい。

第一には、検討委員会での議論の方向性にたいする懐疑や危機意識から、組合のメンバーのあいだに、ともに力を合わせて食肉センターの将来像を考えていこうとする気運が醸しだされたことがあげられる。

そうした気運の高まりのなかで、それまでの歴史では各業者間の利害のぶつかりあう場となっていた組合が、あたらしい理事長を中心に一つにまとまっていった。そのことが、前章でみたように、組合として『西宮市食肉センター　市直営存続のための改善案』を検討委員会に提出して、センター運営の改善案を積極的に示していくことを可能にしたと思われる。じっさい、来年度以降、組合の設立した管理会社が指定管理者としてセンターの運営管理にあたるにさいして、すでに『改善案』の作成にむけて組合内でなされていたかずかずの議論が重要な布石となっていた点も見すごせないだろう。

第二には、このような組合側の積極的な姿勢が、食肉センター問題をめぐって、これまで十分でなかった市と組合のあいだのコミュニケーションを修復させて、両者が対等に協議のできる場をつくりだした点をあげることができる。

そのことを端的にうかがわせるのが、さきのような指定管理者制度導入の決定や、市による食肉センターの経済効果にかんする委託調査の実施といった一連の出来事である。前者は、市と組合とのあいだで五回にわたるねばりづよい協議をへて合意にたっしたものであったし、後者の委託調査においては、組合と仕入れ業者による全面的な協力があったために、異例にも、ほんの一ヵ月たらずのうちに中間報告書が提出されるにいたっている。

わたしたちは、卸業者からの聞き取りのなかで、「検討委員会が設置されるまで、市の方からは、食肉センターのかかえる赤字についてまったく説明はなかった」とか「検討委員会の開催についても、はじめの数回は業者に知らされていなかった」といった証言をしばしば耳にしていた。おそらく、検討委員会当時の市と組合の関係というのは、これらの証言によって象徴されるような疎遠なものだったのだろう。

そうした意味では、食肉センターの運営形態を問いなおした「提言書」の存在が、逆説的にではあるが、市と組合の歩み寄りのきっかけをもたらしたということもできるのである。

そして第三には、食肉センターの存続をもとめる人たち（組合はもとよりのこと、多様な関連業者、職人、作業員から、現場の市職員にいたるまで）の努力によって、センターの赤字額が確実に減らされてきていることがあげられる。

二〇〇二（平成一四）年における一般会計から運営管理費等（職員給与費を含む）への繰入金額は一億

六〇〇〇万円だったが、二〇〇六（平成一八）年には一億二〇〇〇万円へと、年間四〇〇〇万円ほど削減されている。そして、削減された経費の内訳をみると、光熱水費が一億円から七〇〇〇万円へと三〇〇〇万円の削減、業務委託費が一億円から七七〇〇万円へと二三〇〇万円の削減、職員給与費が五二〇〇万円から三八〇〇万円へと一四〇〇万円の削減となっている。

これらの数字をみると、「提言書」が、赤字削減のうごきをうむある種のカンフル剤的な効果を発揮したとさえいえるだろう。

以上の考察によってあきらかなように、検討委員会による「提言書」の内容自体にたいする直接的評価と、検討委員会が「提言書」をつうじてその後の食肉センター経営問題におよぼした（そして、いまだにおよぼしつつある）影響にかんする間接的評価とは、おそらくまったくちがった観点から、分けておこなわれるべきだろう。

そして、これらの点にかんするわたし自身の評価を示せば、つぎのように後者の観点によりおおきな比重をおいたものとなる。すなわち、(1)「提言書」の内容自体は、「食肉センターの経済効果」にかんするあらたなデータ資料をもとに根本的に見なおされるべきだが、(2)検討委員会が設置されて当の「提言書」を提出したという事実が、食肉センターとその関係者にもたらした〈意図せざる効果〉のおおきさについては、一定の評価がなされなければならない。

なお、ここでいう〈意図せざる効果〉としては、とりわけつぎの三点が重要だと思われる。すなわち、①それまでの組合内部における対立や分裂が、組合員自身の手によって修復され、たがいの絆がつよめられたこと、②市と組合とのあいだのコミュニケーションが回復（ないしあらたに形成）されたこと、③食肉センターの将来構想とその実現にむけて、当事者の人たちによる集団的な取り組みが自覚的になされるようになったこと、の三点がそれである。

「もう一つのライン」について考える

それでは、これからの食肉センターは、いったいどのような方向をめざしていくことになるのだろうか。来年（二〇〇八年）度からはじまる指定管理者制度が、どこまでセンターの運営改善をはたせるかが、一つの試金石となるにちがいない。

さらには、さきの「食肉センターの経済効果」についての報告書が、西宮市における食肉センターの位置づけをもっと積極的な方向へ変化させるきっかけとなることも十分に期待できる。そしてそのときには、センターの生みだす経済的価値だけでなく、阪神文化圏、さらには西宮文化圏における食肉文化の担い手としての社会的文化的役割があらためて見直されることになるだろう。

その点にかかわって、最後に考えておきたいことがある。

これまで第1章でわずかに言及しただけだったが、じつは、この食肉センターの牛の解体場には、もう一つのラインがある。

ノッキングしたあと、排血とピッシングをすませ片足で吊られた状態の牛は、レーンにそって数メートル移動したところで頭をおとされる。そこからレーンは二つに分岐し、パイプ台の床に寝かせて手作業により皮剥《む》きをする「床」の工程と、地上から二メートルほどの高さのところで吊ったまま前処理をしてからダウンプーラーというオーストラリア製の大型機械によって皮を剥く「吊り」（ないし「ライン」）といわれる工程に分かれていく。

床剥きの工程が、これまで伝統的に屠夫ないし仕事師とよばれる解体職人の人たちによってになわれてきたのとは対照的に、機械化された吊り剥きの工程は、FN社の社員の人たちによっておこなわれている。

それは、西宮浜への移転のさいに市とFN社とのあいだで、当時、兵庫県下で初の立体式皮剥き機の導入が検討された結果だということだ。しかし、それ以前からもFN社では自社の社員によって屠畜解体の作業をおこなっていたという。

食肉卸業者と解体職人との伝統的な親方子方関係にもとづいて、親方が職人に屠畜を委託するという方式が一般的だったその時代に、職人を積極的に社員にしていった理由を、FN社の専務さんはつぎのように説明している。

「昔は、屠畜業務以外の仕事がぎょうさんあったと思うんですわ。たとえば、配送業務もあれば、お肉をばらす、今みたいなカットじゃなしに、小売り屋さんが吊って、おおまかにばらす（ような）、そういう仕事も会社であったと思うんですけれど。それだったら、それだけの人数（の職人を）おくんだったら、自分のとこで解体した方がいいんちがうか、いう発想だったと思うんです。（移転以前は、床剥きだったので）職人になれる人間ばっかりで、熟練者ばっかりで、二〇人くらいが、（社員として）屠畜解体にたずさわってました。（移転後に機械化されて）今では（うちの会社で）床解体を知ってる、あの業務やっとったの、僕ぐらいまでになる。あとは、おらないんです」

じっさい、現在、ＦＮ社で屠畜解体業務にたずさわっているのは、解体職人としての経験を一切もたない人たちであり、そのなかには、アルバイトを含むおおくの若者たちがいる。しかも、ＦＮ社の企業活動における斬新さは、こうした雇用関係のみでなく、従来の食肉卸業という業態に、あたらしい営業形態をもちこんでいる点にも見いだせる。

これまで、いわゆる食肉卸業者は、農家や博労から牛を買い、それを屠場で委託屠畜をしてから、その牛の枝肉なりカット肉を得意先の商店に卸していた。それにたいして、ＦＮ社の場合は、農協の連合体である全農つまり経済連から委託された牛を屠畜して、自社がセンターで生産した枝肉をすべて全農に納めているのである。ＦＮ社が、こうした業態に移行した背景には、牛の流通面での大きな変化があったという。

「まぁ、昔でしたら、畜産農家さんが個人で、こういう食肉の卸業者と対々で取引やってたんですけど、それがだんだん全農、経済連に販売してもらうとか、そういう形態に変わっていって。昔々は、（農家と卸業者をつなぐ）博労いうのがおったんですけど、それが、（農家自体が）一つの経済連の組織のなかの、たとえば、出荷者いうかたちに変わってきて、流れが変わったみたいな……」

つまりは、牛の流通過程において、これまで別個の機能をはたしていた農家、博労、卸業者それぞれの役割が、経済連という巨大組織のなかの一部に取り込まれていくことになった。そうした流通形態の変化のなかで、ＦＮ社は、屠畜の過程を専門的になうというかたちでみずからの役割を引きうけている。したがって、現在のＦＮ社については、食肉卸業のなかで屠畜業の部分だけがいちじるしく拡大していった業態ということもできるだろうし、食肉卸業から屠畜業が分離したあたらしい業態ともいえるかもしれない。

ともかく、一つの食肉センターのなかに、こうした流通的にも技術的に異なった利害をもつ業者たちがあつまっているという事態は、当然ながら、利害の衝突なり反目を呼び起こしやすくなるだろう。たとえば、つぎのような商品としての枝肉にもとめられる評価のちがいは、まさにその点を象徴しているだろう。ちなみに、前者は床剥きを評価する声であり、後者は吊り剥きを評価する声である。

「床でしとる人（の枝肉）は、（脂がついて）みてくれがきれいやから、肉もって帰る肉屋さんも、きれいに仕事してくれるからええ言う。ほいで、目方も切れんし（枝肉の歩留まりもいいし）」「皮屋さんでもね、寝かして皮剥く方が、あとの処理がものすごく楽やて（言われてる）」

「(吊りの方が)屠畜場での歩留まりは悪い、脂が皮に(たくさんついて)残ってて(枝肉の見栄えもわるい)。でも、もって帰ったら、いらん脂の部分が少なくって、歩留まりが(枝肉を購入した側にとっては)良かったと。こんど、商品が一緒なら、みな、こっちを買います」

たしかに、熟練した職人技による仕事と機械化されたラインの分業体制のもとでなされる仕事とのあいだには大きな隔たりがあるのだろうし、また、解体作業に従事する人たちの雇用形態については、今後、さらなる議論が必要だろう。

ただ、わたし自身がこの数年間、センターにかかわる人びとの声をききながら感じたのは、このような意見のちがいが、たんなる対立におわらずに、お互いを意識した仕事のうえでの切磋琢磨につながっている点である。むしろその意味では、例の検討委員会の設置を契機として、センターの運営面について築かれつつある、将来を展望しながら忌憚のない意見交換を可能にしている協同関係が、こうしたセンターにおける業務形態についての相互理解を深めるきっかけになるように思われるのである。

それはともかくとして、わたしたちは、「ライン」における吊り剥きのほうも見学させてもらった(写真10-1、写真10-2)。そのときは簡単そうにみえた機械の操作が、つぎのような説明をあとからきいて、思ったよりもはるかに熟練を要するものであることもわかってきた。

R（語り手）：ある程度（前処理で尻側の皮を）剥いたら、ダウンプーラーで、一気に（皮を剥き下ろす）。

＊（聞き手）：やはり、（床剥きとは）決定的にちがいますよね。あれは、どうなんですか、わりと簡単なんですか（笑）。

R：ま、いうたら、エアナイフの使い方、慣れてもらってないと無理ですね（笑）。

＊：二人で作業してますね、上にあがって。そのときには、（皮を）どこかに引っかけると、機械が下がりながら剥いてくれる？

R：いうたら、一番上で、こぅ、あまったとこの皮にひっかけて、あとは下ろしていく、足で操作

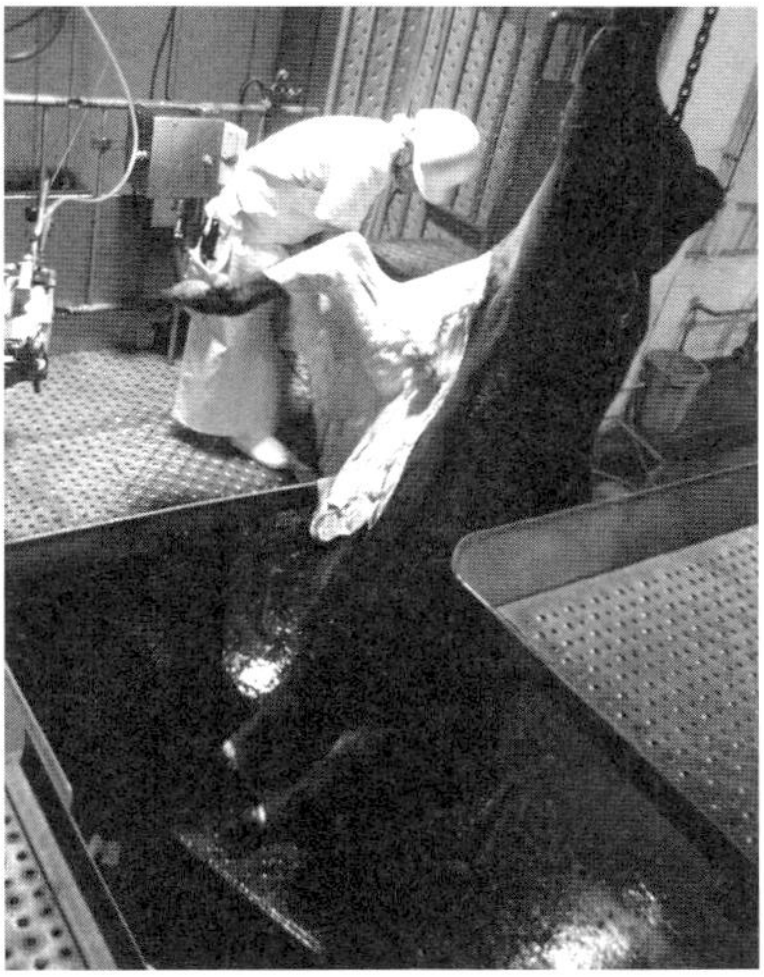

写真 10-1　尻の皮剥き

写真 10-2　機械剥きの前処理

していく。全部、手動でやってます。自動で下ろしてるんちがいます。足で（操作して）、巻いたり、下ろしたり、巻いたり、下ろしたり、やってます。壁側の人は足で操作する、で、左側の人は、それにあわせて剥いていって、最終的に電圧あてるのは左側の人。でも、それは、息をあわさな。だから、巻きますよー、下ろしますよー、巻きますよー、で、ずーっと、下ろします、下ろしますよー、で、最後に、はい、巻きますよー、て、ほんで、足を踏んでる人が、ちょうどいいところで、はい、っていったら、左の人が、電圧をばーんとあてるんです。だから、息があわないと無理です（写真10－3）。

＊：あのときは両サイドの人も、エアナイフを、ぜんたいにまんべんなく入れてるんですか、皮剥くときは。

R：皮剥くときは、離れていくとこをタイミング良く、こぅ、下りていくのと一緒に、スジをうまいこと切っていかんならん。力入れすぎると肉ぱーんと、こぅ、肉のほうに入ってしまうんで赤身がでてしまって、それではもぅ商品にならないので、ぅまいこと引っ張る速度に（あわせて）エアナイフをもっていく。その入れ方、あまり強くがっと押すと傷つくし、ゆるいとこんど脂が入ってしまう。入れ方がゆるいと、引っ張ってるのでびゅーんと脂がめくれてしまうんですね。脂も商品ですから。ちょうど皮と脂の境目を、ぅまいことちょうどいい加減と強さでもっていくっていうか、で、速度にあわせて。また、ところどころに、凹凸があるんですね、やっぱり腰とかそういうの。ほな、ここはとりあえず気をつけてゆっくり下ろしていく。で、最後の腕のとこね、ここの寸前までいったら、(牛に)電源の棒を押しあてるんです。なんでかいうたら、腕のところで皮がひっかかる、めくり終えるときに、この腕がばーんと。ほんなら、電源を押し(て電圧をかけ)たら、牛のからだ、全部、硬直されるんですね。あれをしなかったら、ひっかかってしもうて、枝がのびてしまうんですわ。ほな、なかで、背骨が割れてしまうんですわ。割れると、ヘレとかロースがいたむ、傷つくんですわ。だから、あそこで電源ばーんとやって、ぐーんと硬直させとって、全部一気に(皮を)ばーんと落としてしまうんで。それやったら、枝が、大丈夫です。

写真 10-3　ダウンプーラーの作業

いかがだろうか。床剥きとはまたちがった吊り剥きの現場の様子を、すこしでも思いえがいていただけただろうか。

なお、ここで電源の棒から流される電圧は、一八〇ボルトという。危険なことはないのだろうか。

R：最初は、びっくりしましたわ、手袋、濡れてんのに、人間、大丈夫なんかとかね(笑)。

＊：豚の方は、(電殺のさいに)ときどき感電す

ることがあるっていう話を聞きましたけど。

Ｒ：ああ、そうなんですか（笑）。

＊：そういう事故は、ないですね。

Ｒ：こっちはないですねぇ。たまに、ばーんときますけど。ま、そんなに飛び跳ねるとか、飛び出してきゃーっていうふうな刺激、電流は流れてこないですね。まぁ、肩こっとったら肩こり直った（笑）とかね。ばーんとやって、ぼーんときたーいうたら、ちょうどよかった肩こっとったんや、て、ちょうどええ刺激でくるわー、なんか電気風呂はいってるような衝撃やったー、いうてね（笑）。

屠場の明日へ

さて、先にわたしは、ＦＮ社が主として屠畜営業をメインにした仕事をしていると書いた。たしかに、じっさいにおこなわれている仕事をみるかぎり、それほどまちがいではないだろう。ただ、屠畜営業といえば、基本的に屠場が主とした仕事場になるわけだから、たとえば、衛生問題や食肉の安全性問題についても、まずは屠場のなかから発想していくというのがふつうだと思う。

ところがＦＮ社の場合は、その点の考え方がまったくちがっている。たとえば、ＢＳＥ発生後、トレーサビリティの必要性から個体識別番号が導入された。そのときのことを振りかえりながら、専務さんはこのようにのべている。

「最初（農水省の考えていたの）は、（生産者と）屠畜場だけのトレーサビリティやったんですけど、何カ月かしたら、こっち（そのあとの流通段階）までやりますからって（あとになって変わってきて）。ぼくらからしたら、卸でお肉あつかってたら、（トレーサビリティについては、当初から）カット肉にもいるやろ、パックの肉にもいるやろ、いう発想でした。ただ、屠畜業関係だけやってる人だったら、そんなのわかれへんですよ。もぅ、屠場のなかしかわかれへんですから。だから、うちの場合は、全部が十だったら、屠場は三ぐらいの考えで。たとえば、スーパーとかとの関係で、こういう衛生形態にした方がええというなら、屠畜場でこうしましょうと。自分の考えでは、（屠場も）流れの一つやから」

このような話を聞いていると、FN社における仕事の発想は、やはりたんなる屠畜業のものとはことなっており、食肉卸業のなかの屠畜業、さらには、第8章で紹介したような食肉卸業をも越えた食肉事業全般のなかに屠畜業を位置づけていこうとする考え方があるように思われる。

FN社において、衛生面・安全面での対応が以前からなされていた背景には、八〇年代に起こった輸入牛肉の残留農薬事件があった。それ以降、出荷者がだれかわかる出荷番号によって、枝肉の流通までのトレーサビリティをいち早く導入し、衛生管理にもつとめていたという。

O―157やBSEの問題が発生したさいにも、この食肉センターでは、屠畜頭数にかんして予想以上に早い回復をみたといわれているが、それにはおそらくこうしたノウハウも一定の貢献をしていたと思われる。

そして、FN社では、これからの屠場にもとめられている、あらゆる解体工程を分析・調査しながら、重点的に管理をおこなっていこうとするハサップ（HACCP）の導入も視野に入れた衛生管理態勢の構築がめざされている。

以上のように、今日、屠場をめぐる社会環境はめまぐるしい変容を経験している。その意味で、屠場の仕事は、なんらかの事件や状況にさらされるたびに、つねにあたらしい変化をもとめられてきたといってもけっして過言ではない。

じつは、そうした大きな変化の一つとして、二〇〇八年四月から、屠殺の工程におけるピッシングをできるだけ廃止していくことが決められている。ピッシングとは、ノッキングで牛をたおしたあとに、眉間にあいた穴からプラスチックのコード（それ以前は、鉄のワイヤー）をとおして脳や脊髄の神経を破壊し、牛を動かなくさせるための工程である。

各屠場にたいして、厚生労働省からBSE対策の一環として脳や脊髄の断片が飛散するおそれのあるピッシングをやめるようにという通達がなされたのは、三年近くまえのこと。ちょうど、わたしたちが調査にはいったばかりのころで、現場からは、つよい反発と怒りの声があがっていた。

ピッシングのあとには、排血したり、足をシャックルトロリーで吊りあげるといった作業がつづく。

それらの作業を安全におこなうためには、どうしてもピッシングの工程が不可欠なのである。じっさい、ピッシングをほどこすまえに、あばれる牛に顔をけられたり、角で足をさされたりして大けがをした人の話は、わたしたちもよく耳にしてきた。

そうした理由から、このセンターでは、これまでも従来どおりピッシングがつづけられていた。それが今度は、電気による（牛の）不動化装置をもちいることになったという。それが、来春には試行されることになる。

しかし、この不動化装置も、聞くところによれば、効果のある牛もいればなかなか効かない牛もあるらしい。もちろんこれは、「床」と「吊り」のラインを問わず、現場ではたらいているすべての人たちに共通する関心事である。

その点では、このピッシングの廃止にたいする対応もまた、職人と社員といった雇用形態のべつや、熟練と不熟練といった作業形態のべつにかかわらず、センター関係者が一丸となって向かい合っていかなければならない眼前の課題だろう。

あとがき

「もう、（調査をはじめてから）三年になるんですね。（原稿を）読んでいて気づいたけど。まだ、一年くらいかと思ってたら……」。

今年の一月中旬のこと。そのころには、調査のおおかたは終了しており、調査に協力してくださった方々にお願いして原稿に目をとおしていただき誤った記述や曖昧な表現を訂正する作業もすんで、すでに出版社への入稿もおわっていた。

その日は、食肉センターの主任さんに声をかけてもらい、ピッシングに代わってこの春から導入される不動化装置の試行実験の場を早朝から見学させてもらっていた。

ノッキングによって倒した牛の首に一五センチほどの長さの二本の電極を差しこむ。そして、数十秒間、高圧の電流をながす。それで牛のうごきがとまれば、そのままつぎの排血の作業へとすすんでいく。しかし、それでも牛が足をばたつかせて効果が十分でないと認められた場合、作業する人のとっさの判断により、従来通りのやり方でプラスチックのワイヤーが眉間に差しこまれる。

じっさい、この不動化装置にたいして一頭一頭のしめす反応はさまざまである。したがって、排血中はもとよりのこと、最後に、うしろ足にシャックルトロリーをかけて吊り上げて一段落するまでは、緊張感にみちた気のぬけない作業がつづいていく……。

その見学のあと。機械室であたたかいコーヒーをごちそうになっているとき、ふと、主任さんが洩らされたのが、冒頭のセリフだった。そう、わたしたちにとっても、あっという間の三年間だった。じつは、当初、一年間という約束で調査にはいらせていただいていた。それが、二年になり、三年になってしまったのは、なによりも、わたしたちの力不足というほかない。ただ、すこしばかり弁解すれば、それだけ屠場という存在の奥が深かったということでもある。

正直なところ、いまでも屠場の調査が完了したとはとても思えないでいる。むしろ、わたしたちの調査は、屠場について、わからないところがどこにあるかがようやくわかりかけてきた、といった段階にようやく達したところなのかもしれない……。

最後になりましたが、そんなわたしたちに、調査の機会をあたえてくださったみなさん、そして、調査に協力してくださったみなさんに、この場をかりてこころから感謝いたします。

また、本書の出版にあたっては、晃洋書房編集部の方々に大変お世話になりました。数々の無理なお願いをお聞き入れいただき、ありがとうございました。

二〇〇八年二月二五日

三浦 耕吉郎

(なお、本書の出版には、関西学院大学21世紀COEプログラム推進室より出版助成を得ています。)

参考文献

石川淳志・佐藤健二・山田一成編（一九九八）『見えないものを見る力　社会調査という認識』八千代出版。

池田正行（二〇〇二）『食のリスクを問いなおす　BSEパニックの真実』ちくま新書。

内澤旬子（二〇〇七）『世界屠畜紀行』解放出版社。

大阪市中央卸売市場食肉市場（一九九八）『なにわの食肉文化とともに　大阪市中央卸売市場食肉市場開設40周年記念誌』大阪市中央卸売市場南港市場。

岡田哲（二〇〇〇）『とんかつの誕生　明治洋食事始め』講談社。

尾高邦雄（一九九五）『尾高邦雄選集第二巻　仕事への奉仕』夢窓庵。

勝男義行（二〇〇〇）「皮商人」［吉田（二〇〇〇）］。

角岡伸彦（一九九九）『被差別部落の青春』講談社。

鎌田慧（一九九八）『ドキュメント　屠場』岩波書店。

加茂儀一（一九七六）『日本畜産史　食肉・乳酪編』法政大学出版局。

神里達博（二〇〇五）『食品リスク　BSEとモダニティ』弘文堂。

岸衛（二〇〇五）「ある屠夫のライフストーリー　屠場での「聞き取り」調査を中心に」［山田（二〇〇五）］。

岸衛・桜井厚（二〇〇二）『屠場の世界』反差別国際連帯解放研究所しが。

神戸大学農学部食肉流通問題研究会（一九八四）『西宮市食肉センターの将来方向に関する基礎調査報告』神戸大学農学部食肉流通問題研究会。

小林照幸（二〇〇六）『ドリームボックス　殺されてゆくペットたち』毎日新聞社。

佐川光晴（二〇〇一）『生活の設計』新潮社。

桜井厚（二〇〇五）『境界文化のライフストーリー』せりか書房。

桜井厚・岸衛編（二〇〇一）『屠場文化　語られなかった世界』創土社。

桜井厚・好井裕明編（二〇〇三）『差別と環境問題の社会学』新曜社。

菅原和孝編（二〇〇六）『フィールドワークへの挑戦〈実践〉人類学入門』世界思想社。

全横浜屠場労組（一九九九）「差別的価値観の転換をめざして　横浜屠場における差別との闘い」『部落解放』三月号。

総務庁行政監察局編（一九九〇）『牛肉の生産・流通・消費の現状と問題点』総務庁行政監察局。

塚田孝（一九九七）『近世身分制と周縁社会』東京大学出版会。

塚田孝編（二〇〇〇）『職人・親方・仲間　シリーズ近世の身分的周縁3』弘文堂。

塚田孝編（二〇〇六）『都市の周縁に生きる　身分的周縁と近世社会』弘文堂。

鳥山敏子（一九八五）『いのちに触れる　生と性と死の授業』太郎次郎社。

中村久恵（二〇〇五）『モノになる動物のからだ　骨・血・筋・臓器の利用史』批評社。

中村靖彦（二〇〇一）『狂牛病　人類への警鐘』岩波新書。

反差別国際連帯解放研究所しが編（一九九八）『牛のわらじ　もうひとつの近江文化①』反差別国際連帯解放研究所しが。

比嘉夏子（二〇〇六）「生きものを屠って肉を食べる　私たちの肉食を再考する試み」［菅原（二〇〇六）］。

福岡賢正（二〇〇四）『隠された風景　死の現場を歩く』南方新社。

松尾幹之（一九八九）『食肉流通構造の変貌と卸売市場』楽游書房。

三浦耕吉郎（一九九五）「環境の定義と規範化の力　奈良県の食肉流通センター建設問題と環境表象の生成」『社会学評論』四五巻四号。

三浦耕吉郎（一九九八ａ）「近江牛が食卓にのぼるまで」［反差別国際連帯解放研究所しが（一九九八）］。

三浦耕吉郎（一九九八ｂ）「環境調査と知の産出」［石川・佐藤・山田（一九九八）］。

三浦耕吉郎（二〇〇一ａ）「人と人を結ぶ太鼓　私のフィールドノートから」『関西学院大学人権研究』第５号。

三浦耕吉郎（二〇〇一b）「牛を丸ごと活かす文化　化成場の今昔」「近江牛の暖簾をまもって　食肉卸業」「屠場の現在」［桜井・岸（二〇〇一）］。

三浦耕吉郎（二〇〇三a）「牛を丸ごと活かす文化とBSE」満田久義編『現代社会学への誘い』朝日新聞社。

三浦耕吉郎（二〇〇三b）「屠場を見る眼　構造的差別と環境の言説のあいだ」［桜井・好井（二〇〇三）］。

三浦耕吉郎（二〇〇四）「カテゴリー化の罠　社会学的〈対話〉の場所へ」［好井・三浦（二〇〇四）］。

三浦耕吉郎編（二〇〇六）『構造的差別のソシオグラフィ　社会を書く／差別を解く』世界思想社。

南昭二（一九九六）「明治期における神戸新川地区の屠畜業」［領家（一九九六）］。

三宅都子（一九九七）『太鼓職人』解放出版社。

三宅都子（一九九八）『食肉・皮革・太鼓の授業　人権教育の内容と方法』解放出版社。

村井淳志（二〇〇一）『「いのち」を食べる私たち　ニワトリを殺して食べる授業　――「死」からの隔離を解く』教育史料出版会。

森達也（二〇〇四）『いのちの食べ方』理論社。

八木正（一九九五）「日本の食肉産業における雇用形態と労働の現状　部落差別と職業差別の重層への問い」『同和問題研究』第17号。

矢吹寿秀、NHK「狂牛病」取材班（二〇〇二）『「狂牛病」にどう立ち向かうか』NHK出版。

山内一也（二〇〇一）『BSE　狂牛病・正しい知識』河出書房新社。

山田富秋編（二〇〇五）『ライフストーリーの社会学』北樹出版。

横山百合子（二〇〇六）「屠場をめぐる人びと」［塚田編（二〇〇六）］。

領家穣編（一九九六）『日本近代化と部落問題』明石書店。

好井裕明・三浦耕吉郎編（二〇〇四）『社会学的フィールドワーク』世界思想社。

吉田伸之編（二〇〇〇）『商いの場と社会　シリーズ近世の身分的周縁4』吉川弘文館。

ローズ、R（一九九八）『死の病原体プリオン』草思社。

ローベンハイム、P（二〇〇四）『私の牛がハンバーガーになるまで　牛肉と食文化をめぐる、ある真実の物語』日本教文社。

日本食肉消費総合センター『食肉がわかる用語集』。

日本食肉消費総合センター『新・食肉がわかる本』。

西宮市食肉センター関連年表

一九〇六年　屠場法制定
一九一七年四月　武庫郡芝村において村営屠場として開設（現センターの前身）
一九二五年四月　西宮市制施行
一九三三年四月　芝村と西宮市の合併により西宮市営屠場となる
一九五三年　と畜場法施行
一九六四年四月　「西宮市食肉センター」へ改称
一九八六年一〇月　西宮浜において新食肉センター建設工事着工
一九八八年三月　新食肉センター竣工
一九八八年六月　新食肉センターへ移転
一九九五年一月　阪神淡路大震災により三月末まで休場
一九九六年七月　大阪において病原性大腸菌O-157による集団食中毒事件発生
二〇〇一年九月　BSE（牛海綿状脳症）が国内ではじめて発生
二〇〇三年六月　西宮市食肉センター検討委員会設置
二〇〇四年一月　西宮食肉事業協同組合が「西宮市食肉センター　市営存続のための改善案」を提出
二〇〇四年三月　「西宮市食肉センター検討委員会提言書」が提出される
二〇〇七年一一月　「西宮市食肉センターによる経済効果に関する調査業務　中間報告書」が提出される
二〇〇七年一二月　二〇〇八年度より食肉センターの運営に指定管理者制度を導入する条例が市議会において可決される

《編著者紹介》（＊は編者）

＊三浦耕吉郎（みうら　こうきちろう）　〔2，5，6，8，10章〕

所属：関西学院大学社会学部教授
専攻：社会学，社会史
主著：『屠場文化 語られなかった世界』（共著，創土社，2001年）
『社会学的フィールドワーク』（共編著，世界思想社，2004年）
『構造的差別のソシオグラフィ 社会を書く／差別を解く』（編著，世界思想社，2006年）
『環境と差別のクリティーク　屠場・「不法占拠」・部落差別』（新曜社，2009年）
『エッジを歩く　手紙による差別論』（晃洋書房，2017年）

土屋雄一郎（つちや　ゆういちろう）　〔9章〕

所属：京都教育大学教育学部教授
専攻：環境社会学
主著：「誰が「負財」を引き受けるのか」鳥越皓之・足立重和・金菱清編著『生活環境主義のコミュニティ分析――環境社会学のアプローチ』（2018，ミネルヴァ書房）
「NIMBYと「公共性」――産業廃棄物処理施設をめぐる公共関与と合意形成」藤川賢・友澤悠季他編『公害被害はなぜ続くのか　潜在・散在・長期化する被害』（2023，新泉社）

前田拓也（まえだ　たくや）　〔3，7章〕

所属：神戸学院大学現代社会学部教授
専攻：福祉社会学，障害学
主著：『介助現場の社会学――身体障害者の自立生活と介助者のリアリティ』（生活書院，2009年）
『最強の社会調査入門』（共編著，ナカニシヤ出版，2016年）

山北輝裕（やまきた　てるひろ）　〔1，4章〕

所属：日本大学文理学部教授
専攻：社会問題論，福祉社会学
主著：『路の上の仲間たち――野宿者支援・運動の社会誌』ハーベスト社，2014年.

屠場《とじょう》　みる・きく・たべる・かく
――食肉センターで働く人びと――

2008年4月30日　初版第1刷発行
2023年4月15日　初版第5刷発行
＊定価はカバーに表示してあります

編著者　三　浦　耕吉郎©
発行者　萩　原　淳　平
印刷者　田　中　雅　博

発行所　株式会社　晃　洋　書　房
〒615-0026　京都市右京区西院北矢掛町7番地
電話　075(312)0788番(代)
振替口座　01040-6-32280

ISBN978-4-7710-1968-3　印刷・製本　創栄図書印刷（株）